“十三五”国家重点出版物出版规划项目
“中国传统文化体验课程”系列

The Course on Chinese Knots

邵 杨 编著
By Shao Yang

北京语言大学出版社
BEIJING LANGUAGE AND CULTURE UNIVERSITY PRESS

书名题签　朱天曙

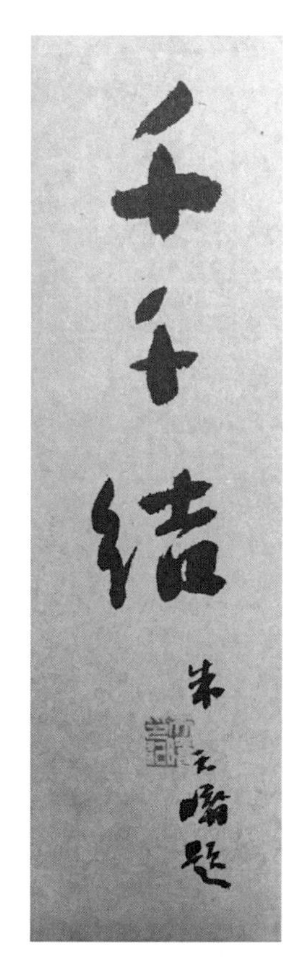

著名书法家朱天曙先生题字

学生徐嘉禾、谢思宇为中国结艺课设计的标志

目录

学习指南

长久以来，中国结一直以其繁复精巧的走线设计和丰富的文化内涵广泛流传于民间。很多人喜欢中国结，想亲手做一个，但是又感觉无从下手。通过本书的学习，大家能循序渐进地掌握编织中国结的方法和技巧。

中国结是泛称，包含很多具体的结型，有些挂饰非常繁复精致。当我们被好看的绳编挂饰或者首饰所吸引，尝试编结时，要先分析这件东西是由哪几个结型构成的，然后找合适的线依次编出来。

本书的结型排序由易到难，每课学习一个完整的饰物，所学内容承上启下，有了前面课程的铺垫和练习作为基础，后面的课程内容就会很容易掌握。有些大型挂饰组合结型很多，可能涉及前面几课所讲的内容，如果跳课学习，可能无法一次学会，导致信心受挫。学习本书，建议从第一课开始，循序渐进，从简单的结型入手，越学越多，越学越懂得组合的方法，最终能够举一反三，随心所欲，灵活设计，获得创作能力。

材料说明

工欲善其事，必先利其器。想学好中国结，必然要先准备好所需材料和工具。

首先是材料，主要是线和穗子。如果编挂饰，最常用的是 5 号线。

如果编手链、项链、耳坠，一般多用 72 号玉线。玉线有 A 玉线、B 玉线、71 号玉线、72 号玉线等。

穗子就是结型下面坠的流苏，长度一般用 12 厘米左右的。也可以自制。

其次是工具，必备的有海绵垫、蝴蝶夹书写板、珠针、镊子、剪刀、软尺、打火机，次常用的有蜡烛、定型胶。

海绵垫用来固定 5 号线，珠针扎在线上，避免走线跑偏。镊子用来夹住 5 号线，穿过较小的缝隙。编手链等饰品时需要用蝴蝶夹书写板来夹住顶端。

蜡烛用来烤熔线头、接线等，定型胶用来使结型变硬。

当然，除了以上这些材料，做不同的饰品还需要一些特别的东西，比如做耳坠，就需要准备耳钩。不同的作品有不同的配饰要求。

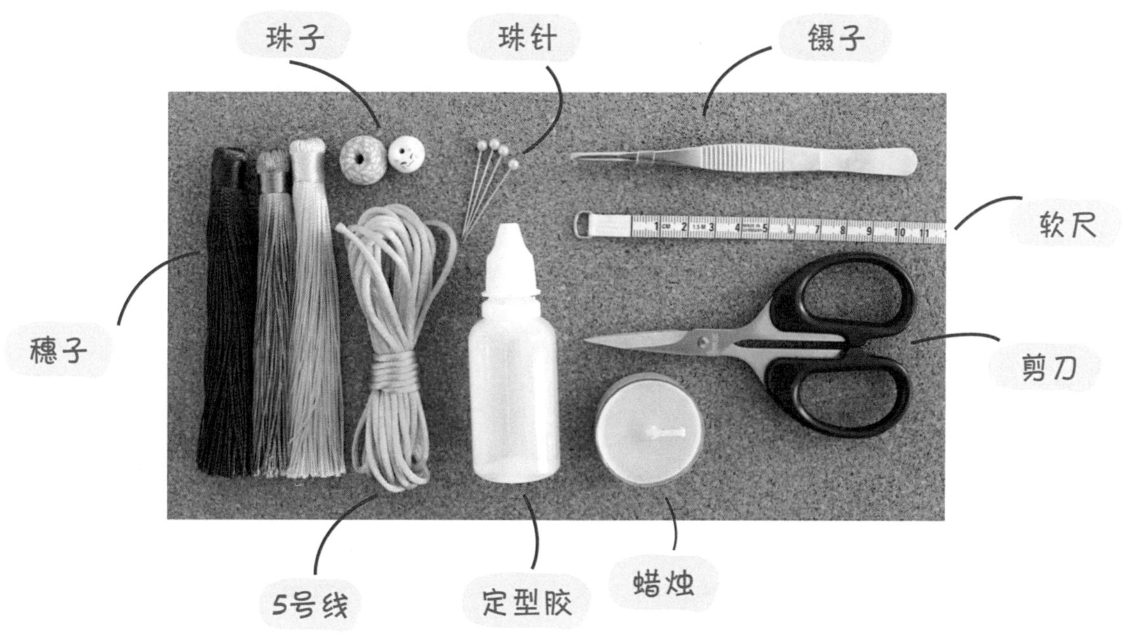
珠子
珠针
镊子
软尺
穗子
剪刀
5号线
定型胶
蜡烛

海绵垫

蝴蝶夹书写板

1 拐杖糖

——圣诞快乐

十字结拐杖糖可以作为圣诞节的装饰品。形态美丽的小拐杖挂在圣诞树上，用来增添节日气氛再合适不过。拐杖糖简单易编，重复编十字结即可。

材料

两根2米长的5号线，一段50厘米长的缎带。

工具

剪刀、打火机、定型胶、软尺。

扫码看视频

① 编十字结。找到两段线的中点，十字交叉，纵向线放在横向线下面。为方便大家看清楚，我们用一个三角符号来标注中心交叉点，四个方向的线依次称为1线、2线、3线、4线。

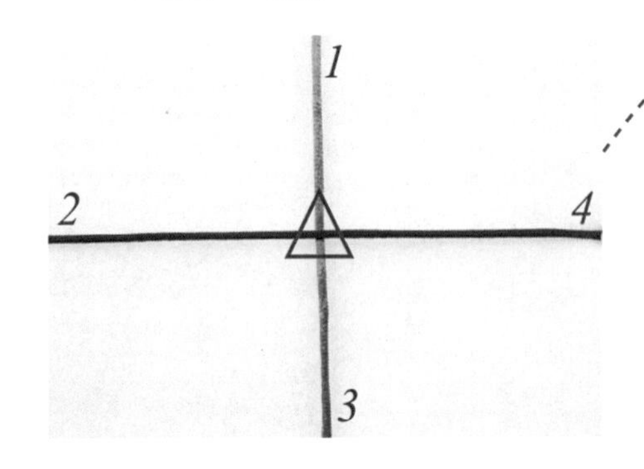

② 1线压2线。注意弯折处形成的圈，备用。

③ 2线压1线、3线。

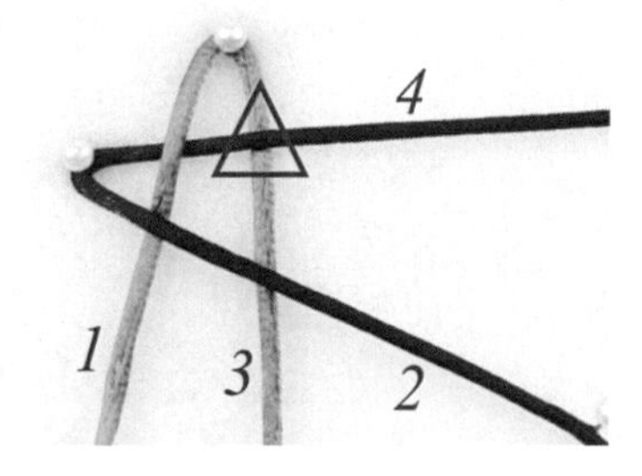

④ 3线压2线、4线。

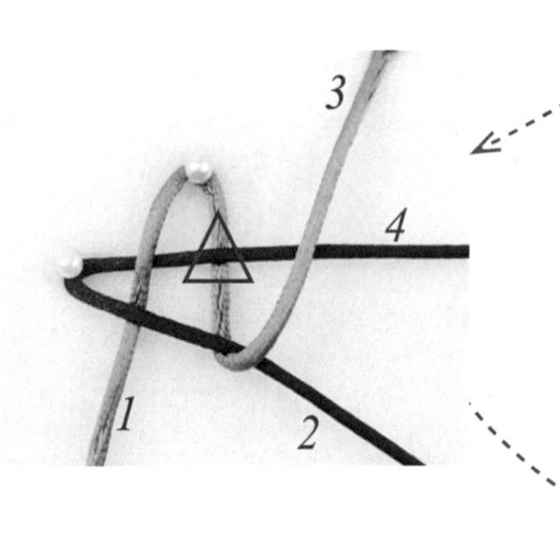

⑤ 4线穿1线留好的圈。

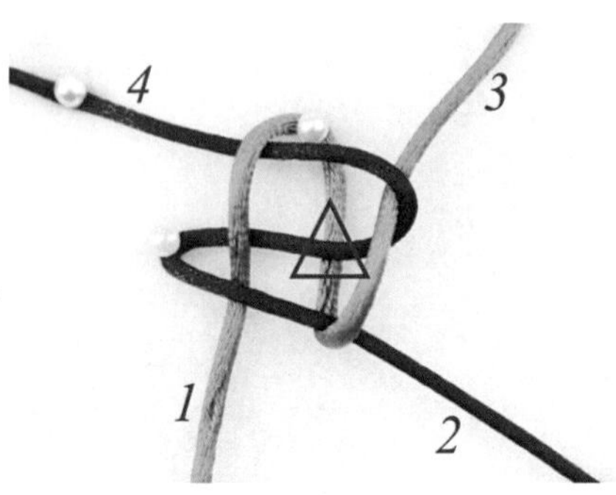

⑥ 拉紧。

⑦ 重复编十字结，使新编的结叠加在上一个结的上面。

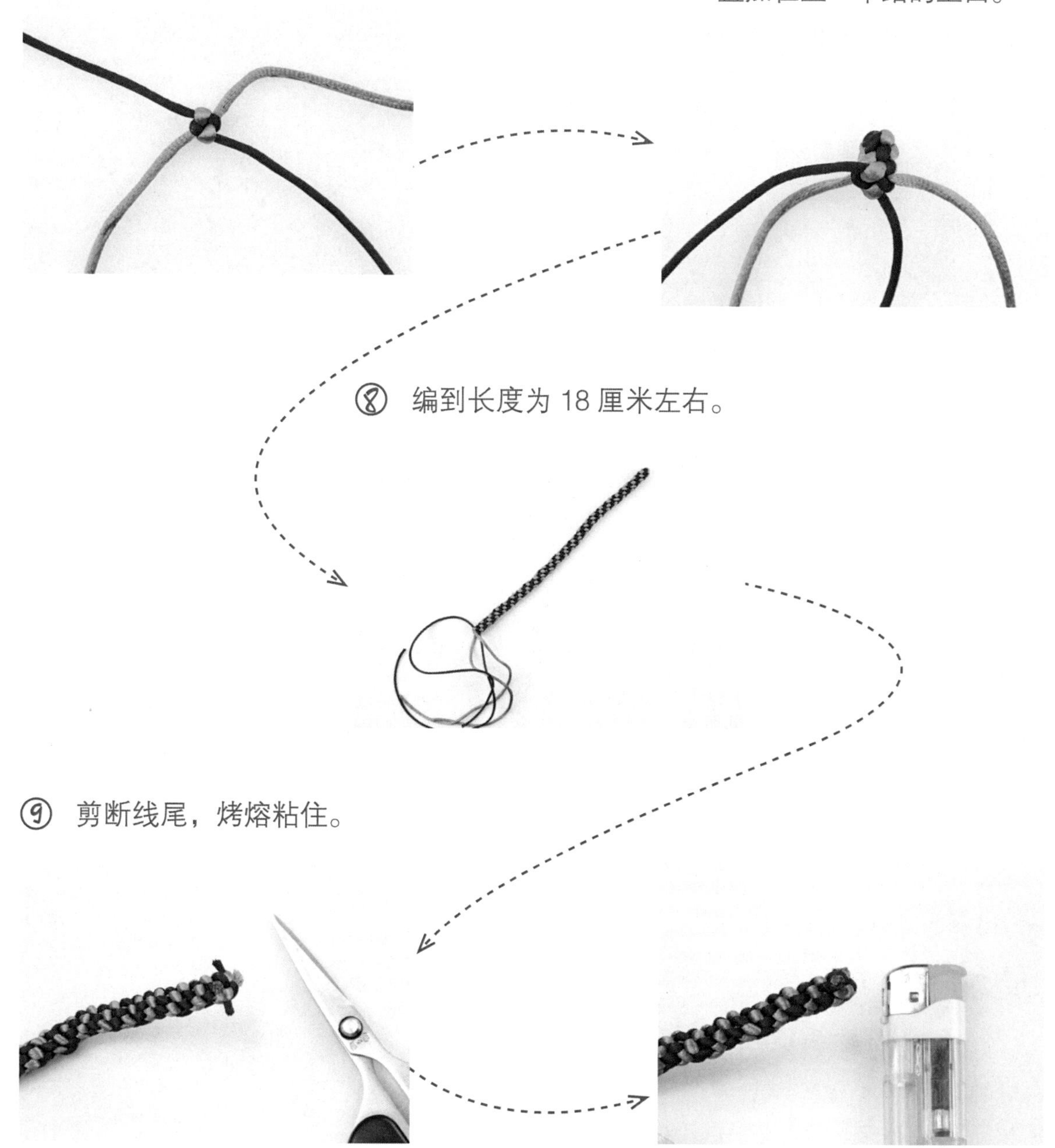

⑧ 编到长度为 18 厘米左右。

⑨ 剪断线尾，烤熔粘住。

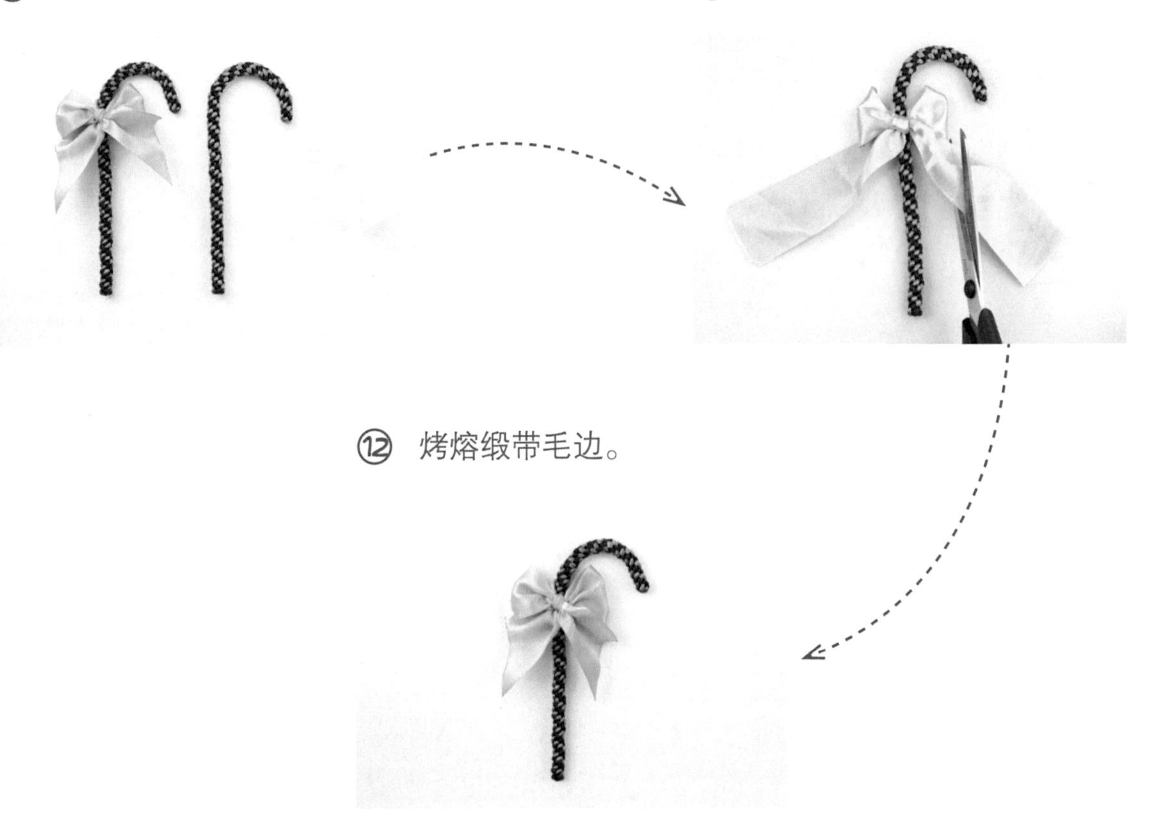

⑩ 手动掰弯上半段，注意比例。

⑪ 打蝴蝶结，剪掉多余的缎带。

⑫ 烤熔缎带毛边。

TIPS

编好以后结体是软的，为了保证呈现出最好的效果，需要在结体和蝴蝶缎带上滴定型胶，涂胶后晾3—4个小时，待结体变硬就可以随意摆放了。如果需要结体快速变硬，可以用吹风机吹干。

2 吉祥结
——吉祥如意

“卍”是上古时代许多部落的一种符号，佛教中也广泛使用，意为“吉祥云海相”。中国唐代武则天将“卍”定音为万，意为“吉祥万德所集”，至此，这个符号正式成为一个汉字。吉祥结正是模拟这个字形，寓意吉祥万德。

材料

一根1米长的5号线，一个穗子，一个珠子（孔径约4毫米）。

工具

海绵垫、珠针、剪刀、软尺、打火机、定型胶。

扫码看视频

吉祥结挂饰由双联结、吉祥结构成，我们依次编结。

先打一个双联结。双联结一般用来作为挂饰的开头和结尾，起到固定的作用，比一般随意打的结要周正，不歪斜。

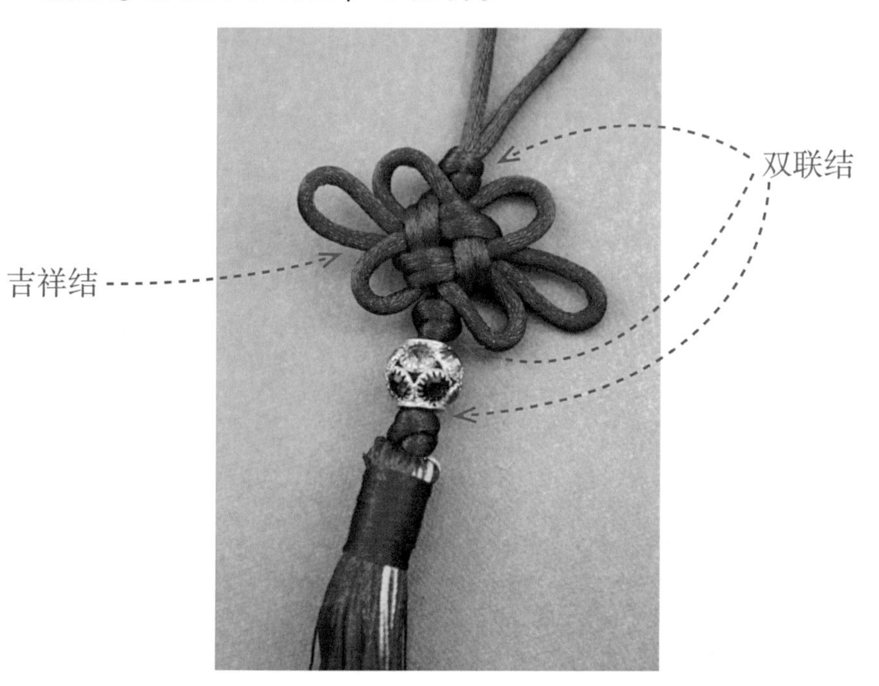

① 取准备好的5号线，对折。

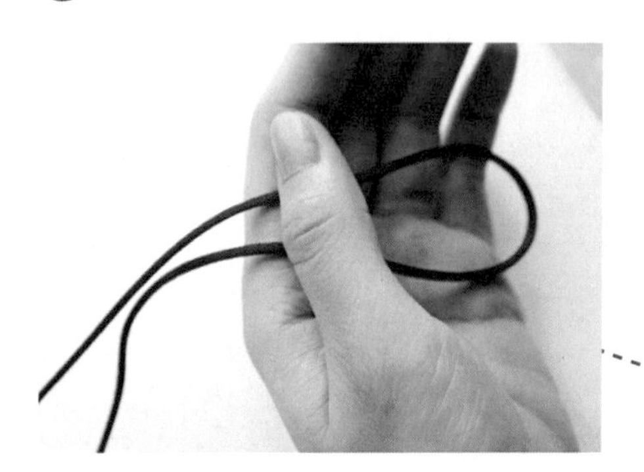

② 线尾绕手一周，夹在无名指和小指中间。从手指向手背方向依次为1线、2线、3线、4线。

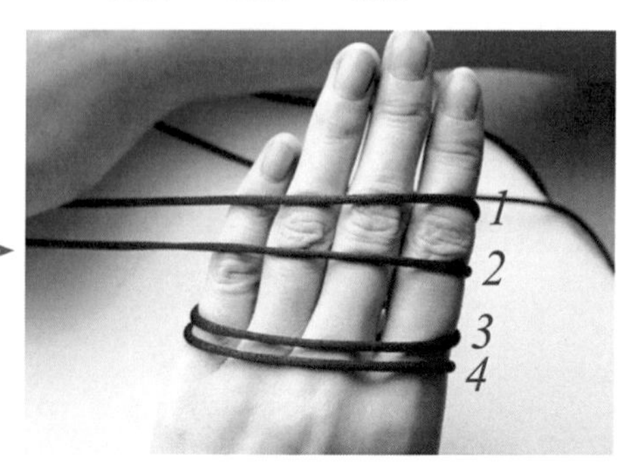

③ 拿起 1 线。

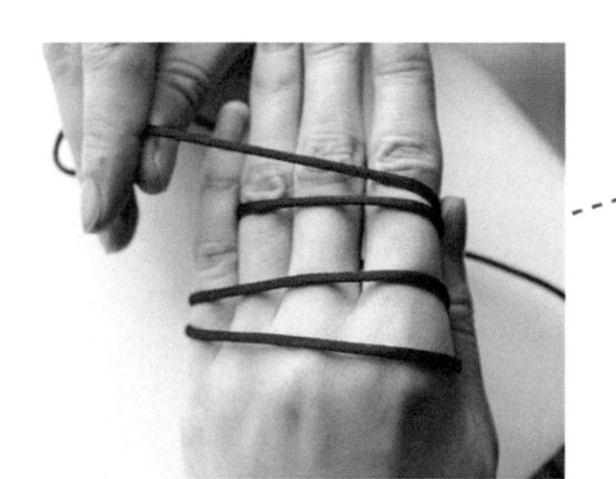

④ 拿到3线和4线中间。

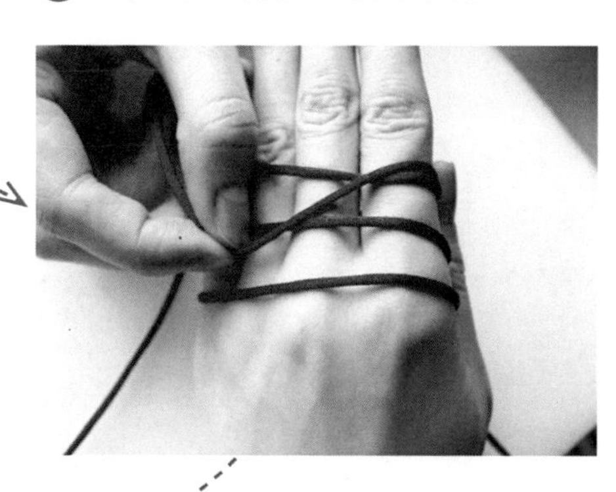

⑤ 从 3 线下面穿回。

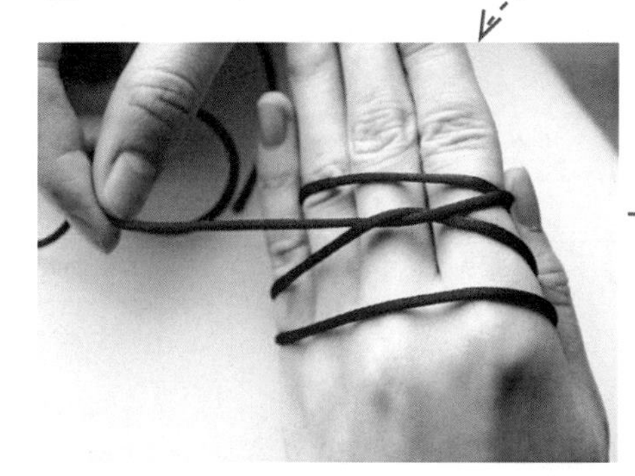

⑥ 拿起 2 线。

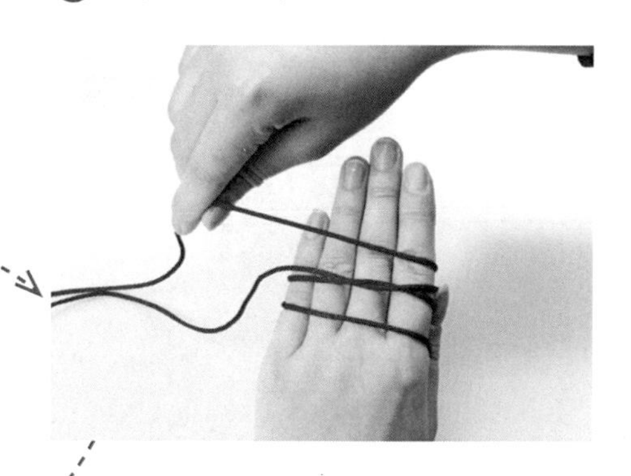

⑦ 越过 1、3、4 线。

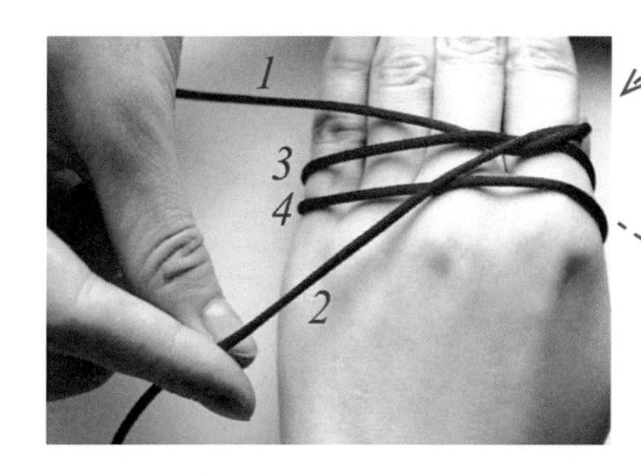

⑧ 从 1、3、4 线下面穿回。

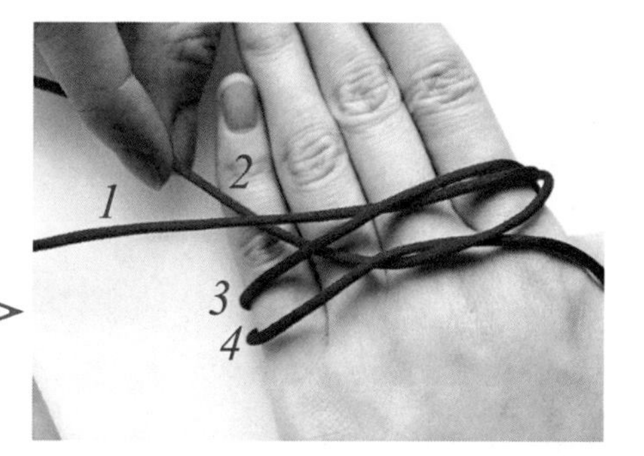

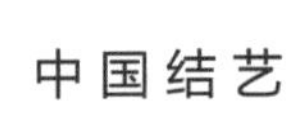

⑨ 把线从手上拿下来，慢慢拉紧。为了更清晰，我们用较粗的线做一下示范。

⑩ 将双联结固定在距离对折处7—8厘米的位置。

接着编吉祥结。

① 如图所示，把线固定出一个“十”字形，上段较短，左右两段稍长，所有转弯处要插针固定，中间要固定出近乎直角，不能裂开得太大，下面右图是不合适的排线。

正确

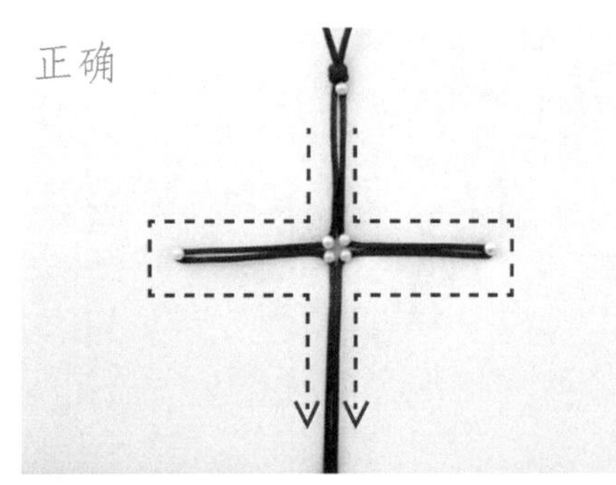

错误

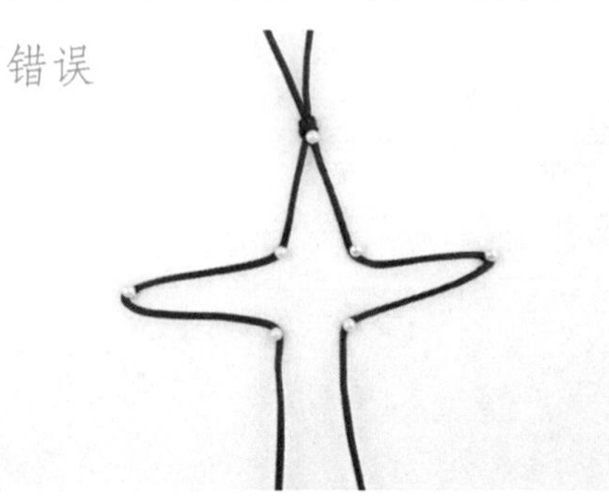

② 上段弯到左下，插针固定。注意，左上角留出一个圈。

③ 左段弯到右下，固定。

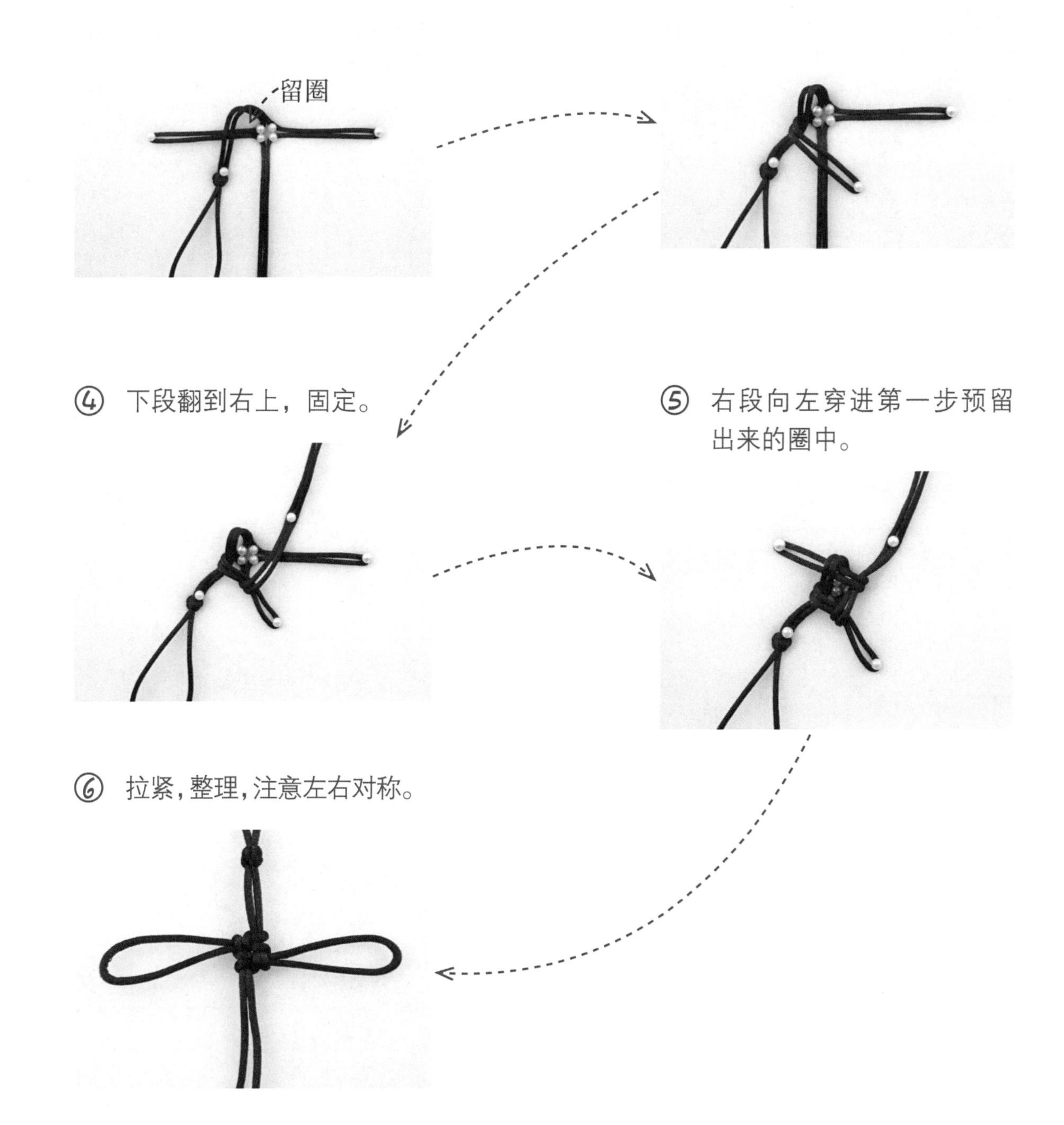

④ 下段翻到右上，固定。

⑤ 右段向左穿进第一步预留出来的圈中。

⑥ 拉紧，整理，注意左右对称。

⑦ 重复上面的步骤。

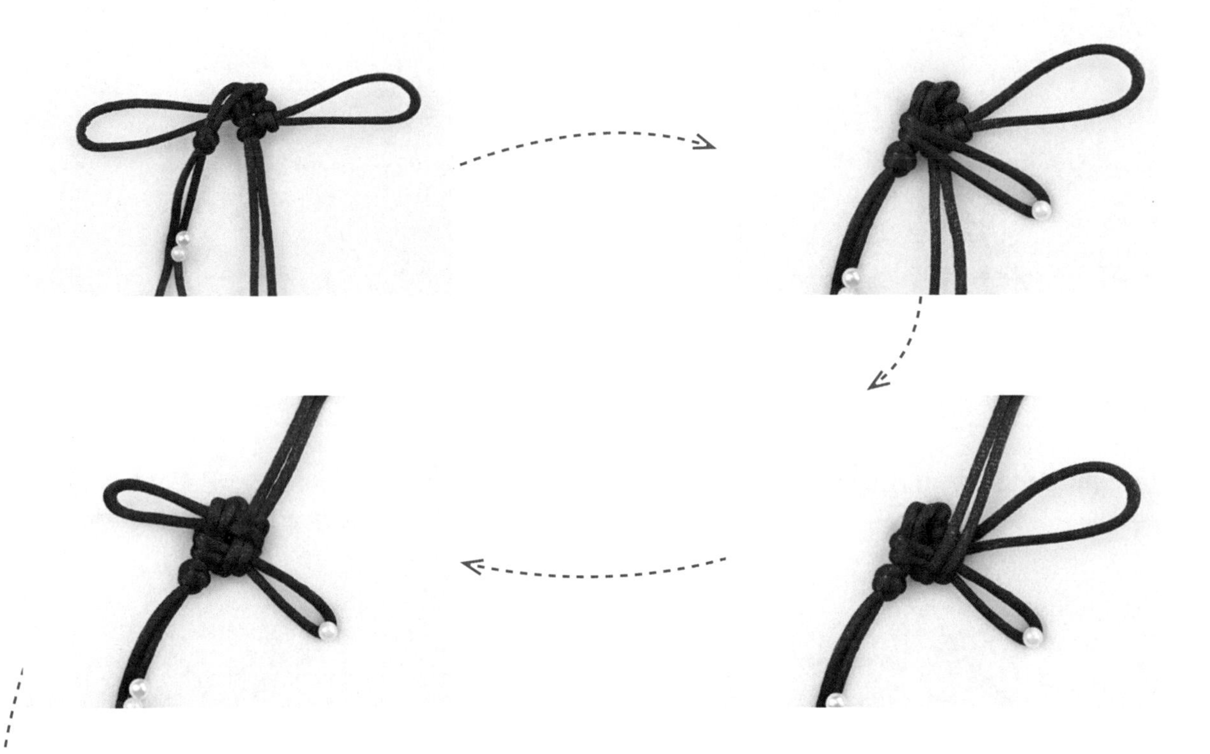

⑧ 找到四个角上几乎快要消失的短线形成的四个小耳。把它们拉出来，注意对称。通过调线让左右耳同样大，四个小耳同样大。

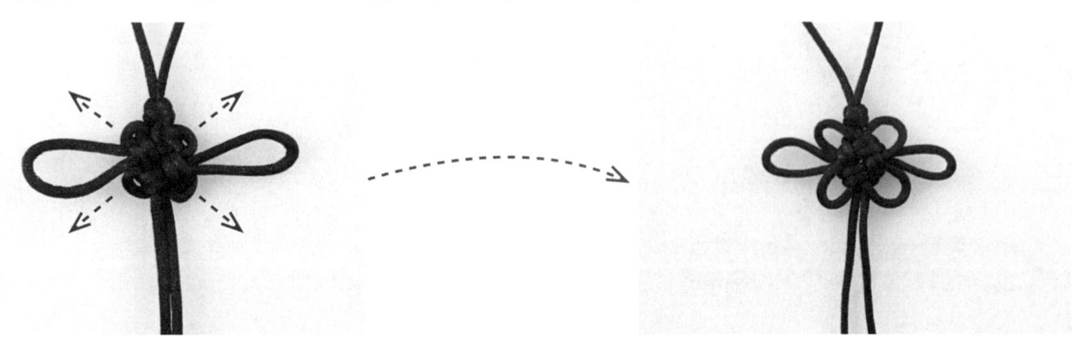

⑨ 再打一个双联结固定，然后穿穗子即成。

TIPS

穗子穿法如图。穿好以后要再打一个双联结固定，接着剪断线尾，烤熔粘住。

也可以在穿穗子之前加一颗珠子，使整个结型更富于变化。

吉祥结容易编，但是也容易变形，编好调线以后，一定要涂定形胶。穗子的缠线部分要涂定型胶，因为这个位置最容易松脱，涂胶后穗子不易松散。

3 金刚杵

——降妖除魔

在中国的西藏地区常能看到飘扬在天空中的五色风马旗，五种颜色分别代表蓝天、白云、火焰、绿水和黄土，表达人们对天平地安、风调雨顺、幸福安康的期盼。在佛教中，金刚杵象征着所向无敌、无坚不摧的智慧。用五色线编好的金刚杵，象征着好运和平安。

材料

红、白、蓝、绿、黄五种颜色的5号线各一根，每根210厘米。另取两段30厘米左右的短线先行练习编金刚结。

工具

剪刀、软尺、打火机。

扫码看视频

金刚杵挂饰由双联结、十字结、金刚结、凤尾结构成。
在编整个挂饰之前，我们先练习一下金刚结的编法。

① 将两段线捏在拇指与食指间。

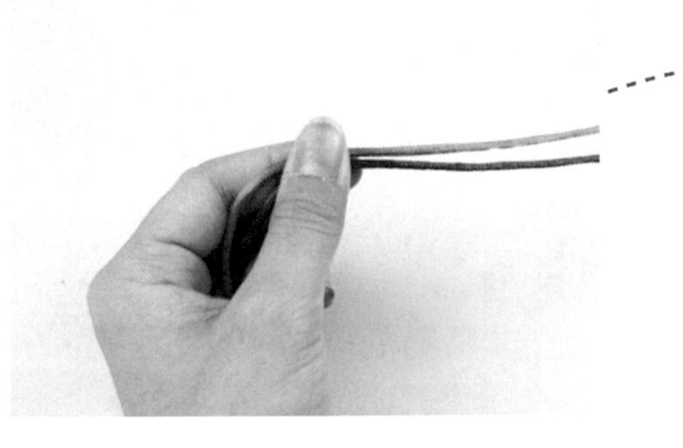

② 下线绕上线。

③ 绕到蓝线后面，捏在拇指和食指间。这时，绿线处于蓝线圈中。

④ 圈内的线先向后包住食指，然后再穿入圈中。

⑤ 拉紧蓝线，蓝圈消失。

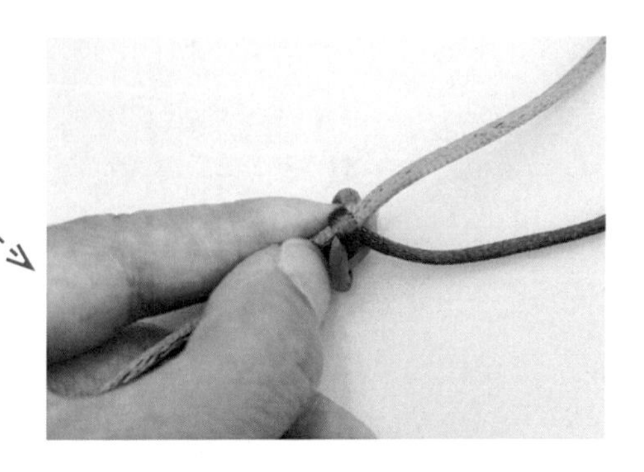

⑥ 向自己的身体侧旋转 180 度，将刚才包住食指的绿色线圈翻到上面。此时，蓝线成为圈里的线。

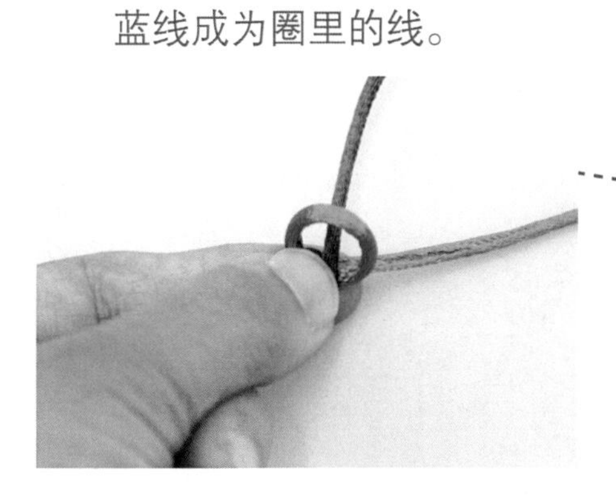

⑦ 圈里的线向后包住食指，线尾拉到前面，再穿绿圈。

⑧ 拉紧绿线。

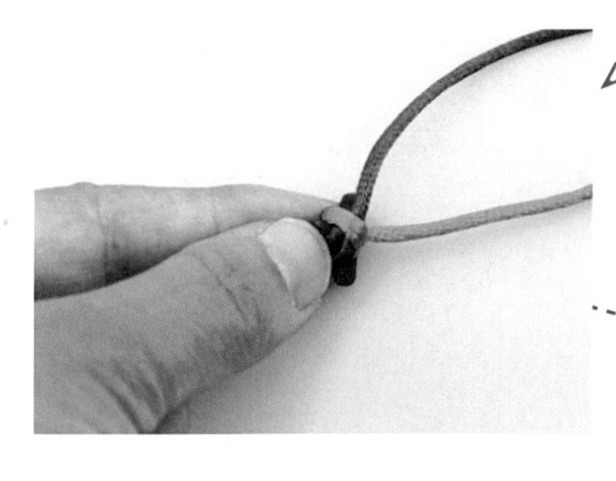

⑨ 重复上面的动作，旋转 180 度，将蓝线圈翻上来。

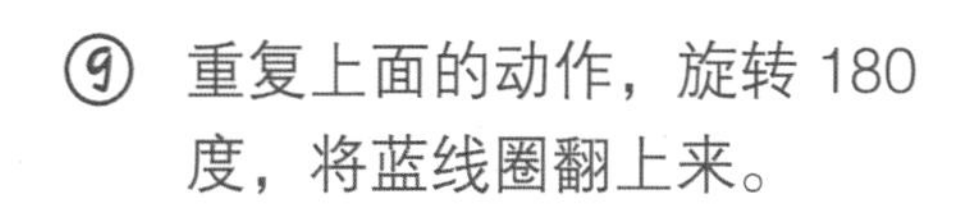

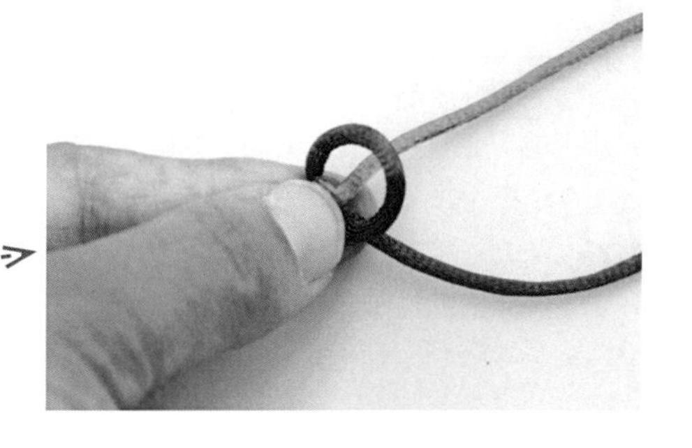

⑩ 圈内的绿线继续包手指、穿圈。

⑪ 拉紧蓝线，再翻……

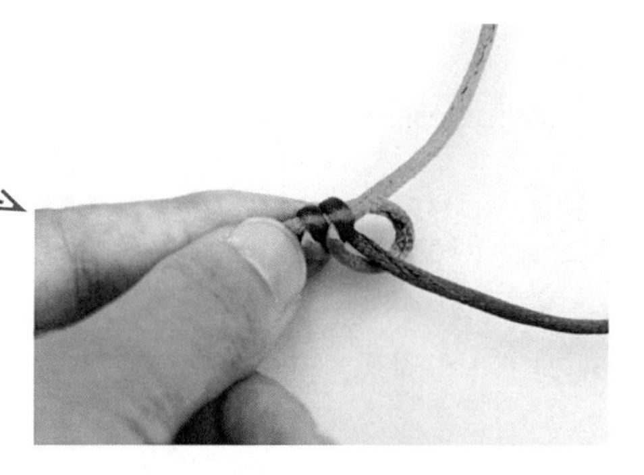

⑫ 重复以上动作，编到想要的长度，如果需要收尾，把两条线都拉紧就可以了。

有了以上的练习做基础，我们就可以学习编五色金刚杵了。

① 对折准备好的210厘米长线，取其中四条，用2线对折的圆头穿1线对折的圆头。

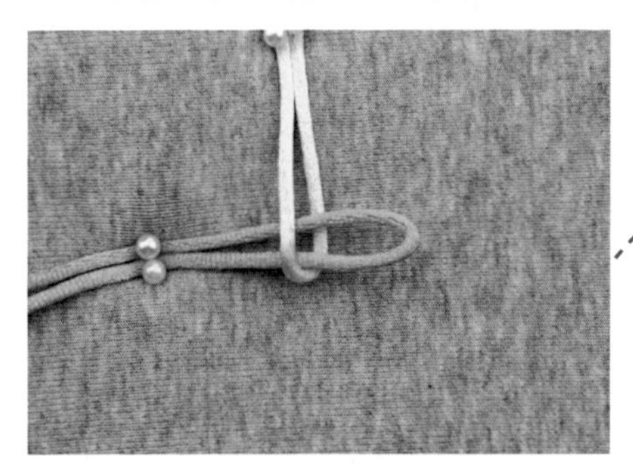

② 3线穿2线。

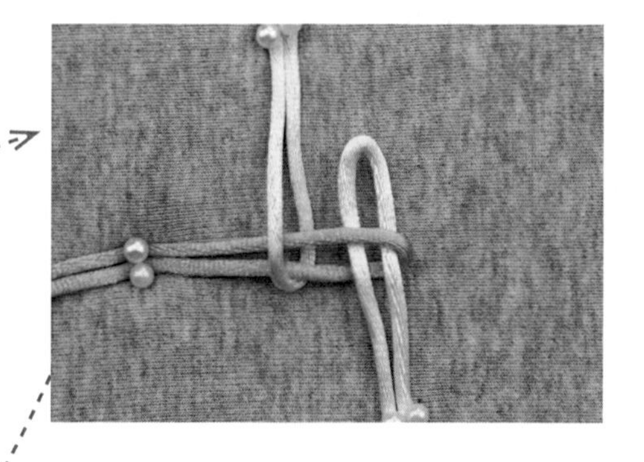

③ 第四条不用圆头穿，而是线尾先进，包1线，穿3线。

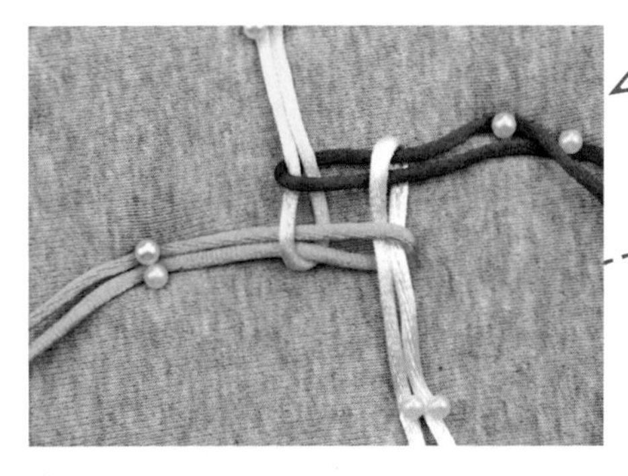

④ 取第五条线，在距离对折处6厘米左右的位置编双联结，然后穿入四色“井”的中间。

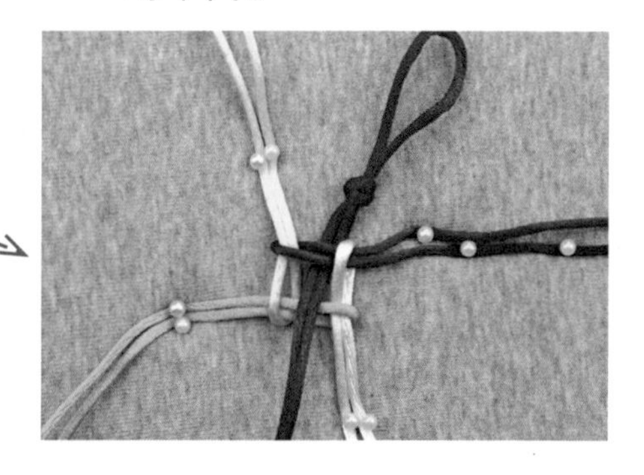

⑤ 拉紧“井”字。

⑥ 五条线依次相压编十字结。

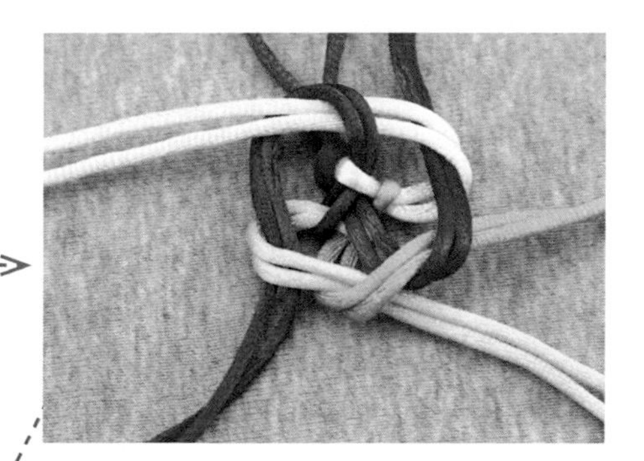

⑦ 拉紧。

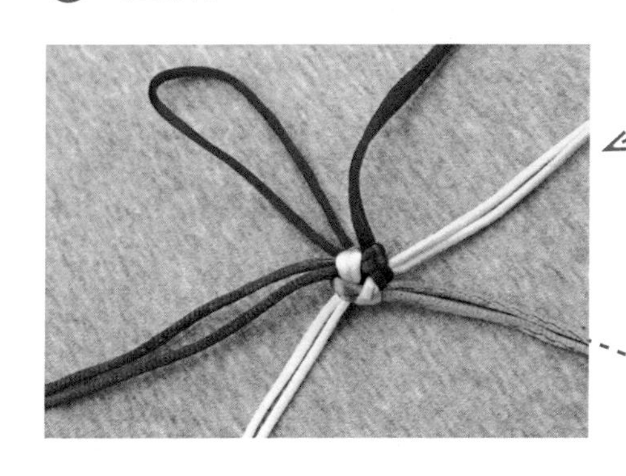

⑧ 每两根同色线一组，编两个金刚结，也就是穿三次圈。两个金刚结正好能形成一个金刚结小圆球。

⑨ 再编十字结。

⑩ 这样，一层金刚结，一层十字结，交替编下去，直到长度符合编者所需。一般编十二层金刚结左右比较合适。

⑪ 任取一条线绕住其他所有的线，绕法如下。

⑫ 调线收紧。

⑬ 最后，用每根线尾编八字结（也叫凤尾结）。先将线尾向回钩住自身，形成一个线圈。

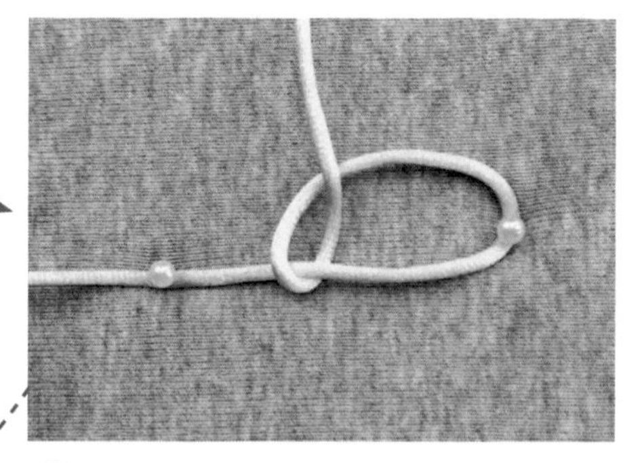

⑭ 线尾围着线圈绕8字，直到绕满。

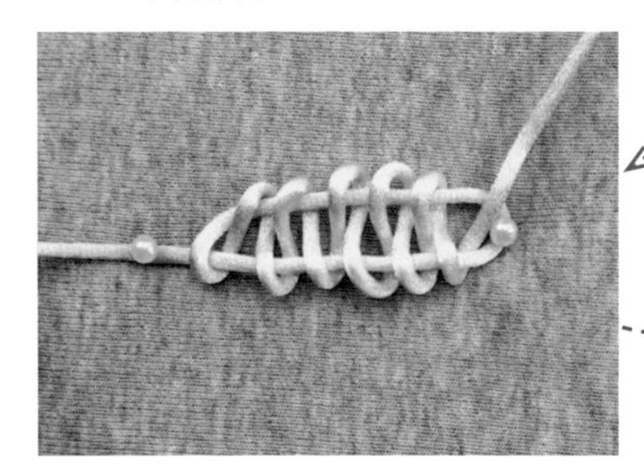

⑮ 拉紧整理，再剪断多余的线，烤熔粘住即成。

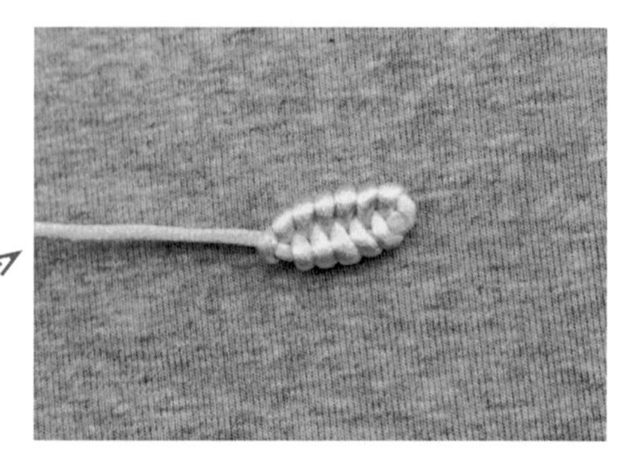

⑯ 为了达到错落有致的效果，八字结的位置最好不要一样。

4 四道盘长结

——最有代表性的中国结

盘长结来源于八吉祥纹中的盘长纹。八吉祥由八种佛教法物组成，包括法轮、法螺、宝伞、白盖、莲花、宝瓶（罐）、金鱼、盘长，简称“轮螺伞盖，花罐鱼肠（长）”。这些法物作为神佛的佩饰或者佛前供品，用来祈福免灾，有吉祥之意。盘长结象征回环贯彻，无始无终，永恒不灭，代表着大道吉祥。

材料

一根 1.5 米的 5 号线，一个穗子，一个珠子（孔径约 4 毫米）。

工具

海绵垫、珠针、镊子、剪刀、软尺、打火机、定型胶。

扫码看视频

四道盘长结挂饰由双联结和盘长结组成。

① 取5号线对折，编双联结，将双联结调整到距离顶端7厘米左右的位置。

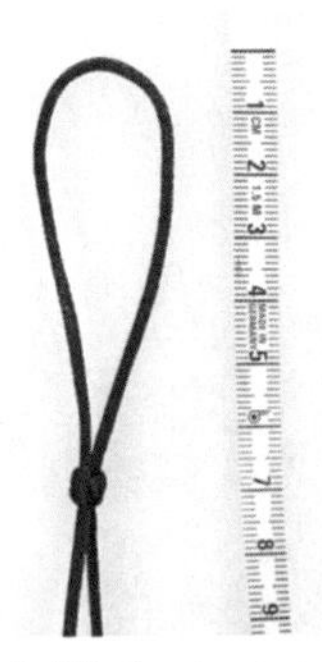

② 用珠针将双联结下面的右线固定在海绵垫上。

③ 将右线纵向如图排一个细长的W形状，在每一个拐弯处用珠针固定。W形状要细长，下图张得太开了，是错误的排线。

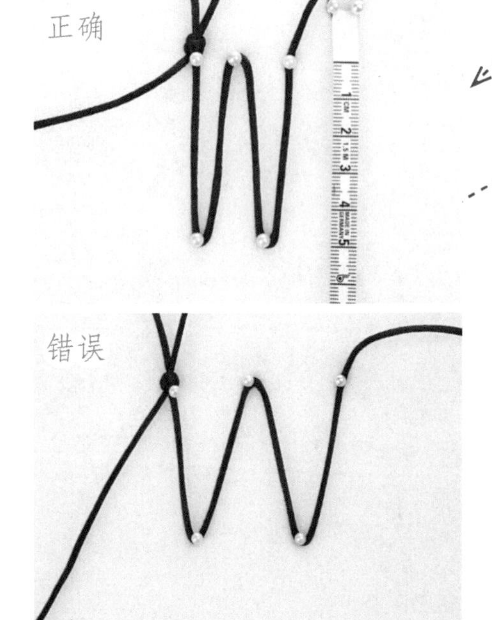

④ 继续用右线自右向左，挑1压1横穿排好的W线并用珠针固定。此处用镊子送入，用镊子夹单线，向左侧推，这样就变成了双线，用珠针固定。

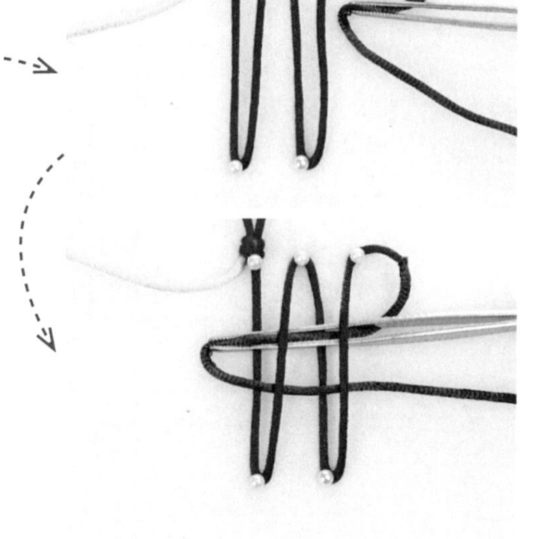

⑤ 重复上一步骤。

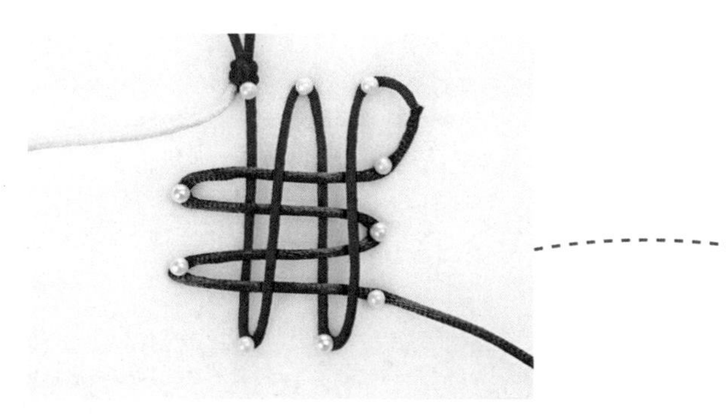

⑥ 左线先向左预留 1 厘米，用珠针固定。

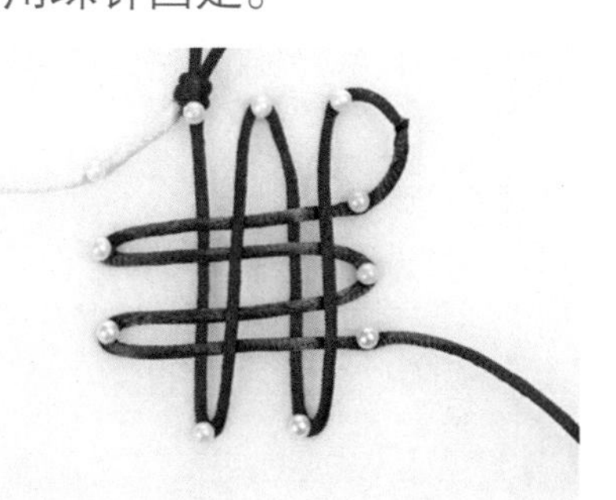

⑦ 自左向右，从上方横跨纵向红线，再从所有纵向红线下方穿回，转弯处用珠针固定。做两次。这一步叫作“全上全下”。

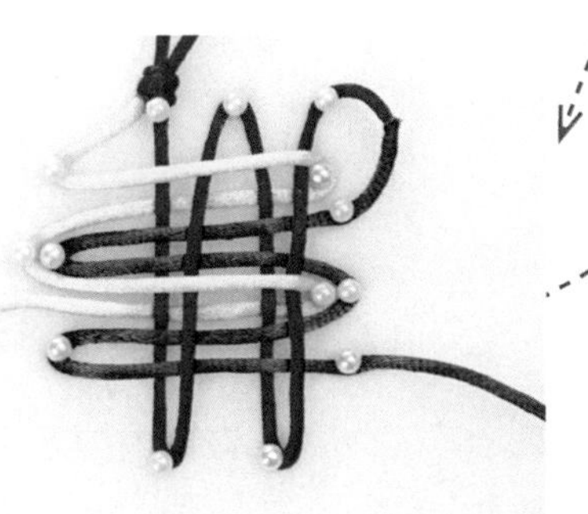

⑧ 左线自下而上，挑 1 压 3 挑 1。

⑨ 左线自上而下返回，从预留圈向下穿，挑 2 压 1 挑 3 压 1 挑 1。

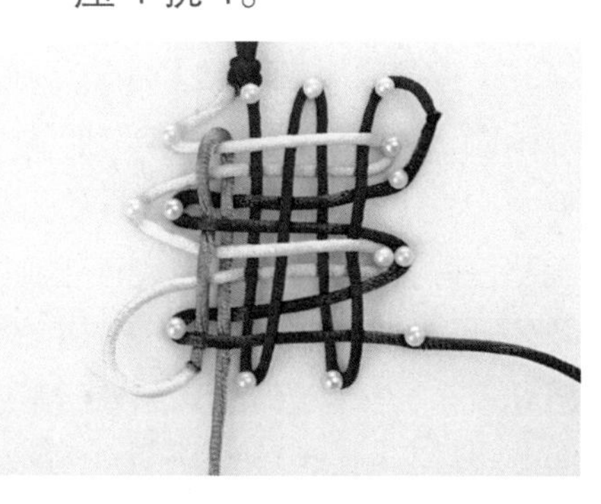

⑩ 重复做一次。

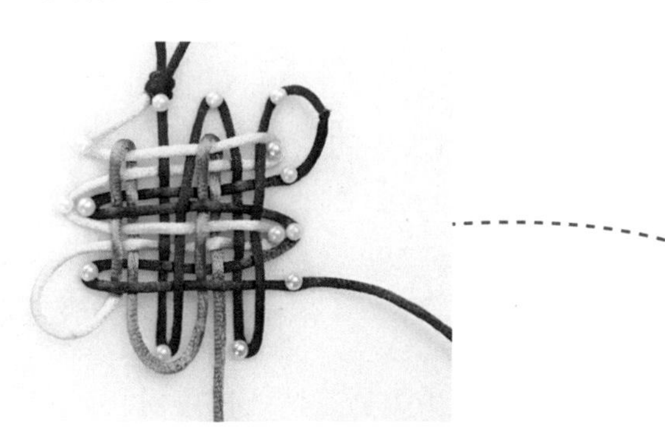

⑪ 将定型针取下，调线整理，先拉出图中标识的六个外耳，把中间部分整理方正。

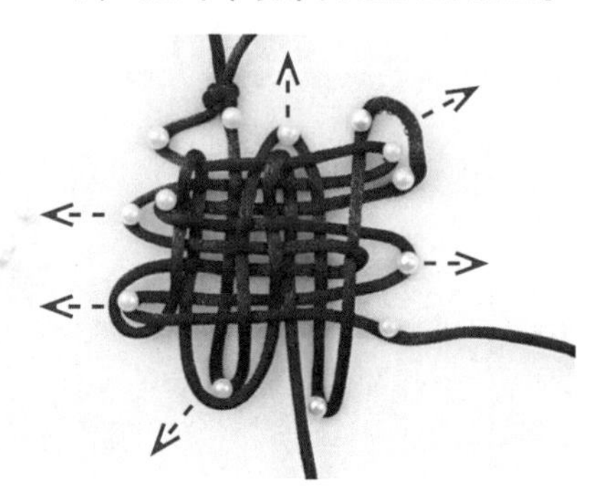

⑫ 比如，整理 1 圈的时候，要先拔掉控制 1 圈的两根针，然后将 1 圈向外拉出。

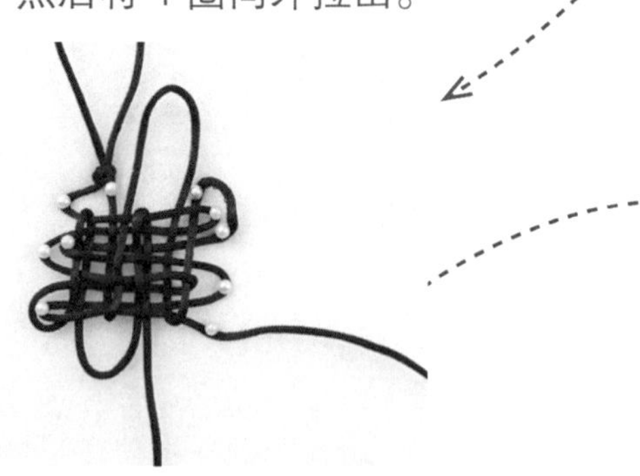

⑬ 继续整理，拉出六个外耳。

⑭ 将中间拉紧，中间部分要横平竖直，形成一个紧凑的正方形。从双联结下方开始向外拉线，将多余的线从尾部拉出。调线要按照线的走向，从结内一步一步挪，这一步比较麻烦。

⑮ 下面的左图是没有认真调整过的结形，右图是调整过的结形，可以看出调线多么重要。经过细心调整，美感就出来了。对称是中国传统审美的第一要义，左右耳翼一定要注意大小。

⑯ 编双联结。

⑰ 如果有喜欢的大孔珠子，可以穿一个，然后打双联结，再穿穗子。最后上定型胶，定型胶只涂中间横竖交叉部分，耳翼和挂线不要涂。耳翼定型会影响美观，减少灵动感；挂线涂胶会造成挂线歪曲。如果定型胶干了以后才发现没有调整好，可以在结体上滴水，定型胶遇水即融，然后再重新调整。

5 六道盘长结
——更加精致的编法

大多数珠子打孔太细，5号线穿不进去，为了使饰物更富于变化，可以混用5号线和72号线，盘长结作为一个部件和其他部分串联起来，再穿上各种小珠子，整个挂饰会显得细腻精致。

材料

一根1.6米的5号线，两根40厘米长的72号玉线，一个穗子，几颗珠子（孔径在2毫米以上）。

工具

海绵垫、珠针、镊子、剪刀、软尺、打火机、定型胶。

扫码看视频

六道盘长结挂饰由双联结、金刚结和盘长结组成。

① 取5号线对折，将对折处固定在海绵垫上。

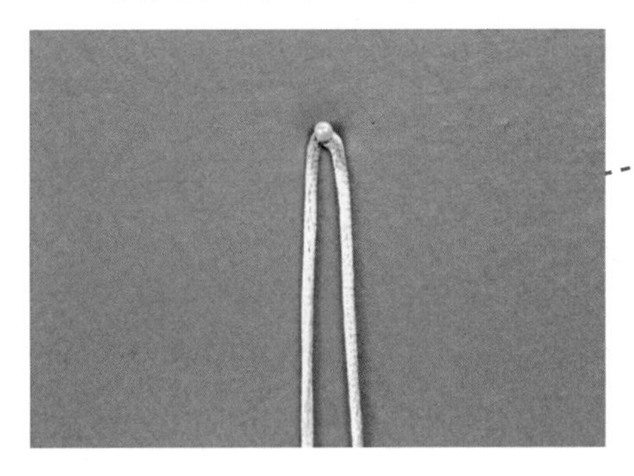

② 将右线纵向如下图排三个细长的V形状。

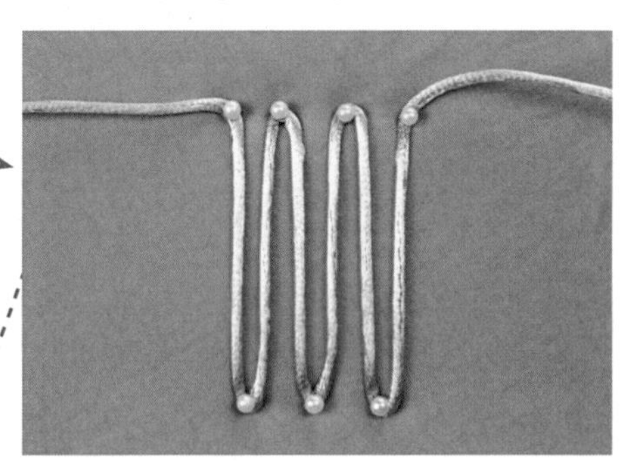

③ 用右线向左，挑1压1。为了演示得更清晰，我们用橙色线来表示这个步骤。

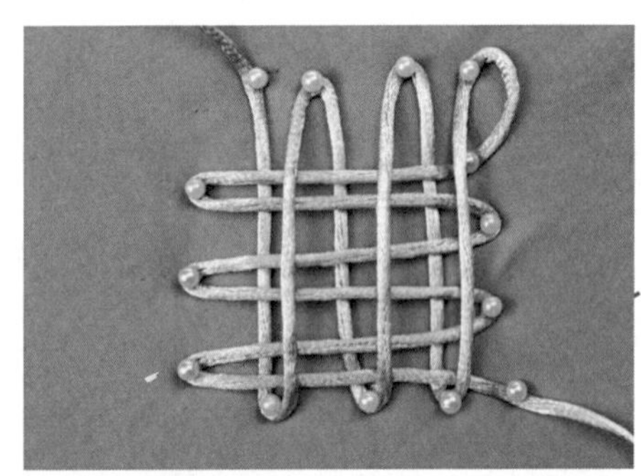

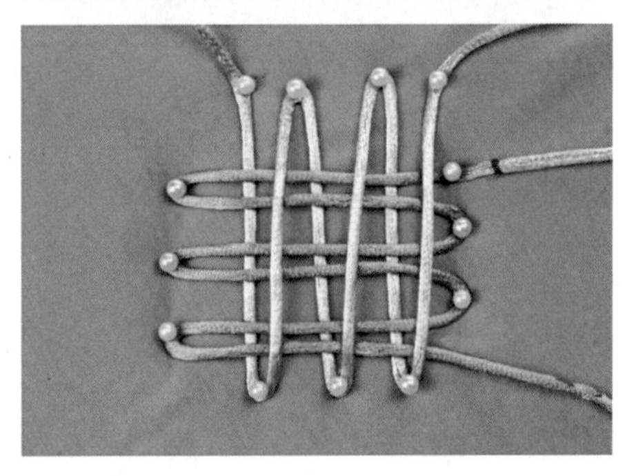

④ 用左线，自左向右，做三次“全上全下”。

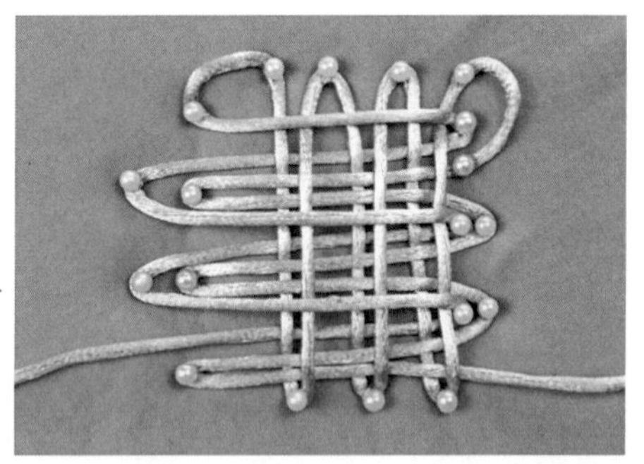

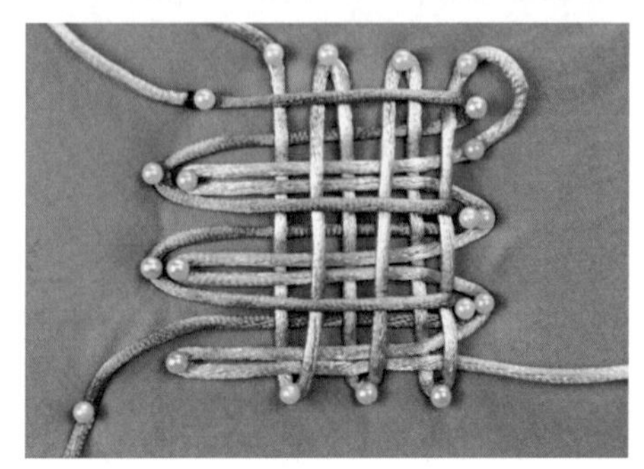

⑤ 左线自下向上，挑 1 压 3 挑 1 压 3 挑 1，再从上方圆圈内穿回，挑 2 压 1 挑 3 压 1 挑 3 压 1 挑 1，完成排线。

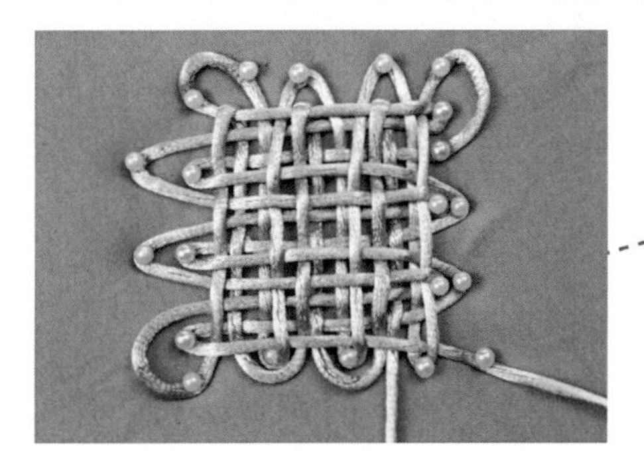

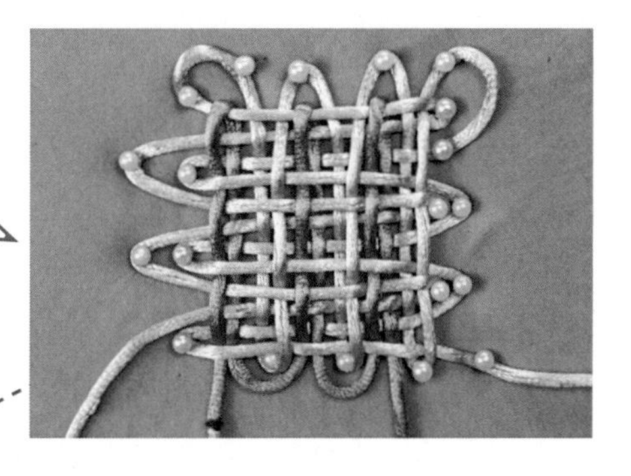

⑥ 调整。基本成形以后，剪断线尾。

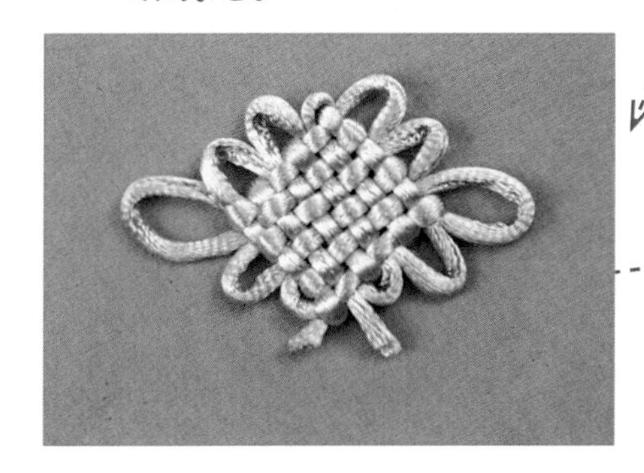

⑦ 用打火机把线尾烤熔粘在一起，如果操作有难度，可以用蜡烛烤线头。

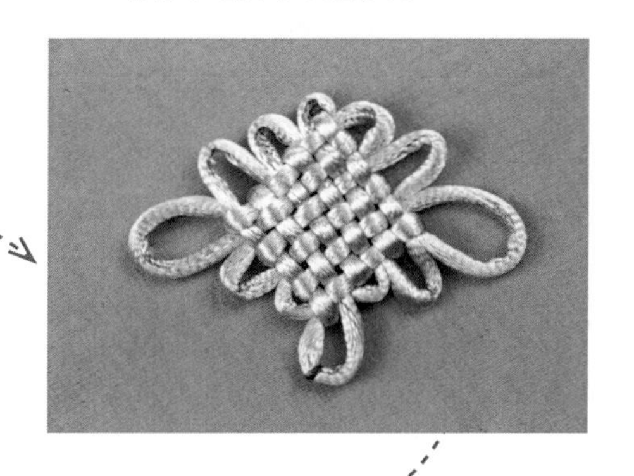

⑧ 把接头调到纵横交错的线中间去，藏起来，这一步需要将所有的线都调一遍，因为黏合线头以后，整条线闭合，挪动一个点，整条线都必须移动。

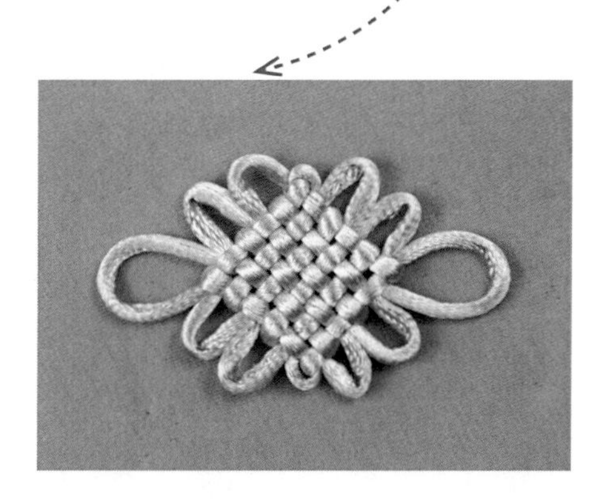

⑨ 取一根 30 厘米长的玉线，对折，打一个双联结，固定在距离顶端约 7 厘米处。

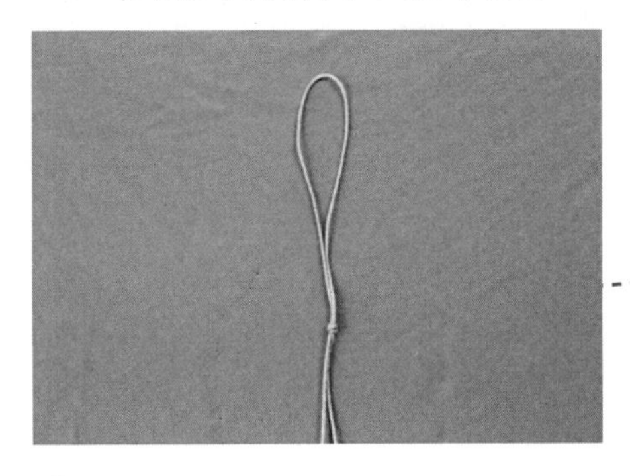

⑩ 穿入珠子。

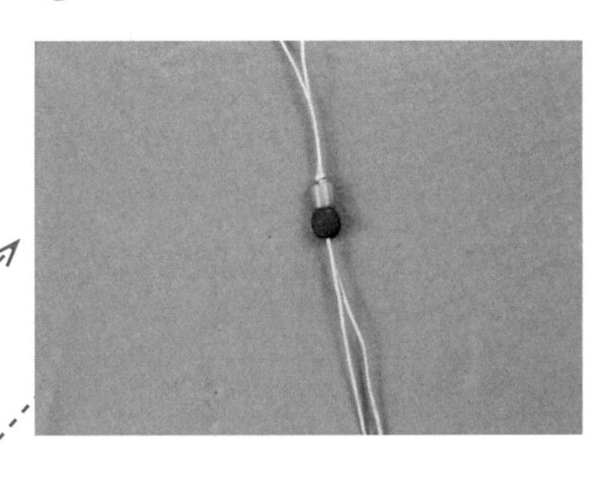

⑪ 线尾穿入盘长结，两根线一起穿。

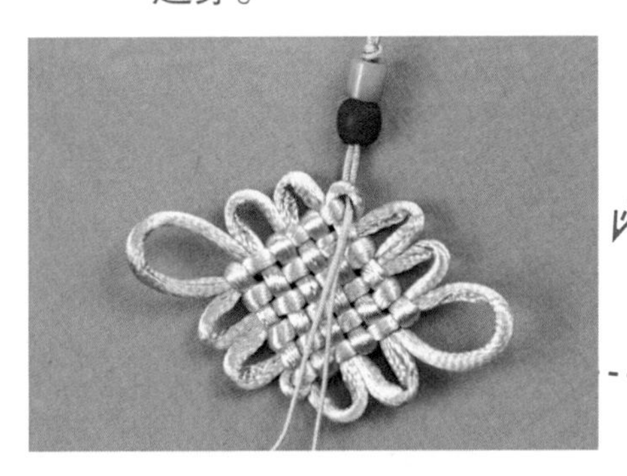

⑫ 两根线尾向上弯折，围绕上面的两根线编金刚结（以上面两根线为芯）。

⑬ 剪断线尾，烤熔粘住。取另一段 72 号玉线，单线穿入盘长结。

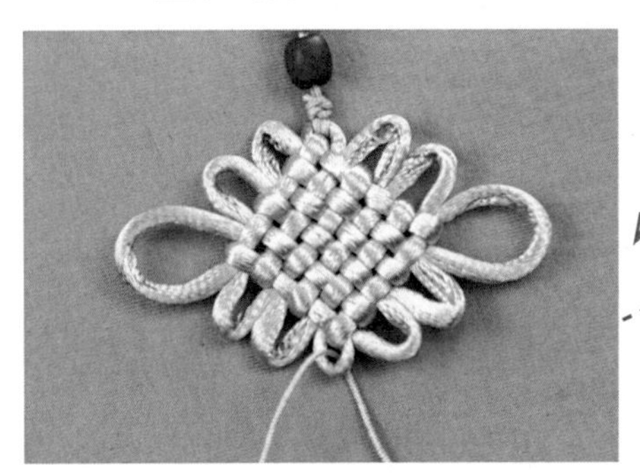

⑭ 打双联结。

⑮ 穿入小饰品。

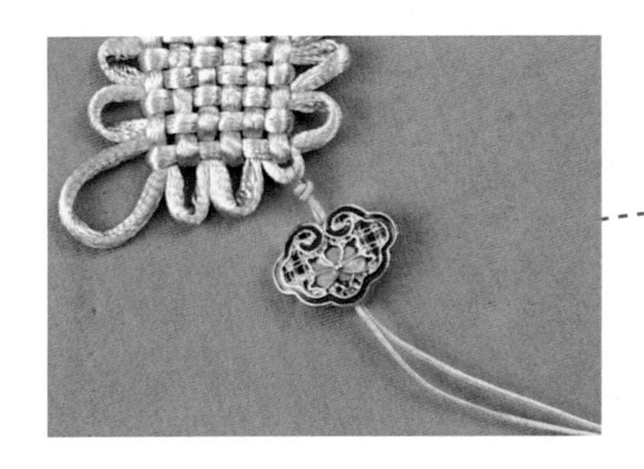

⑯ 打双联结，再穿一颗珠子。

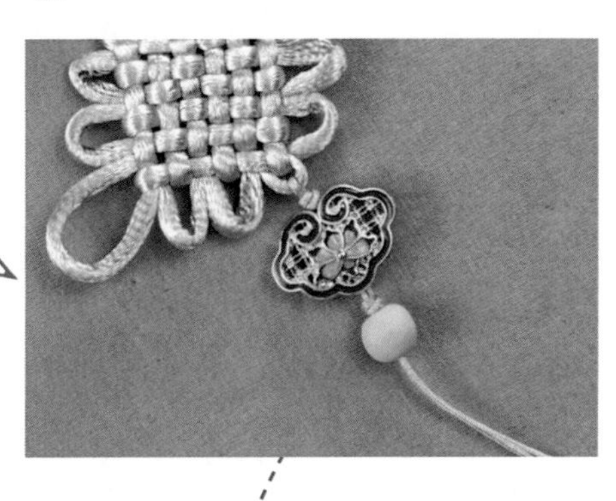

⑰ 穿穗子。由于72号线比较细，直接打结不容易固定，可以穿入一颗珠子再打结固定。然后剪断线尾，烤熔粘住。最后涂定型胶。

6 双色六道盘长结
——附加线的穿法

盘长结可以加入另一根线，形成双色效果。一般主色配色选择同色系，主色深，配色浅。如果想试试撞色，也不妨编出来感受一下。

材料

两根5号线，主色2米，配色1.5米，一个穗子。

工具

海绵垫、珠针、镊子、剪刀、软尺、打火机、定型胶。

扫码看视频

① 主色线编六道盘长结，并且调整。不要调得太紧，纵横都空出一行。

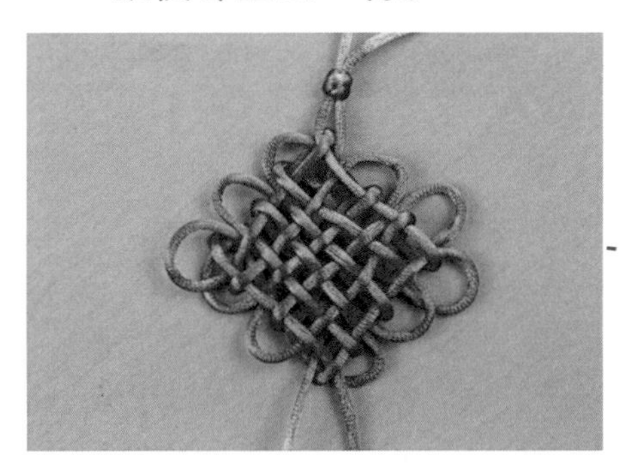

② 配色线两端分别跟着主色线双联结下方的两根线。用镊子夹住配色线的一端，把配色线送进去，沿着主色线走。

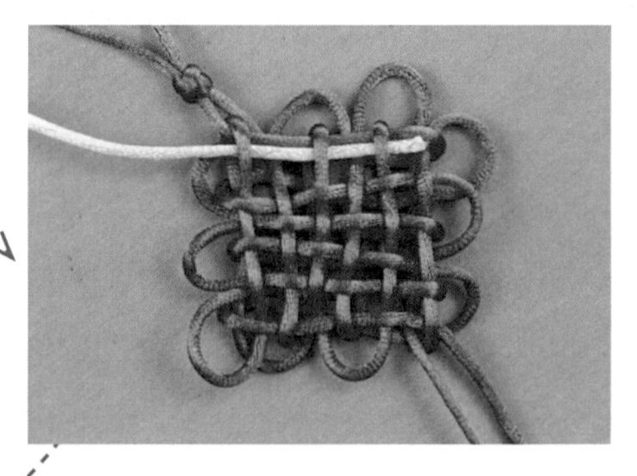

③ 主色线翻转，配色也跟着翻转。

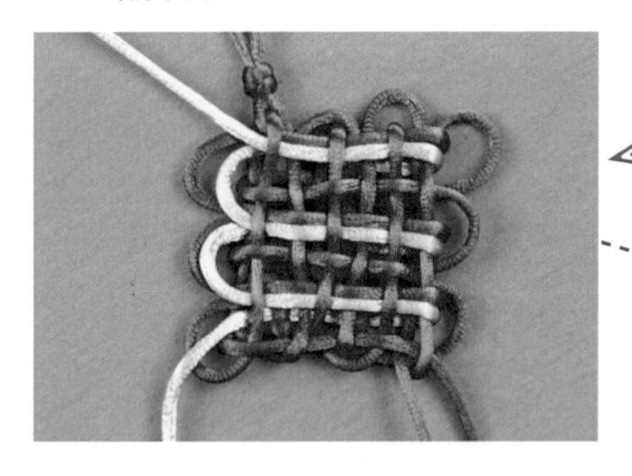

④ 继续穿。下图是做完一端线的样子。

⑤ 配色线的另一端跟着双联结下的另一条线穿进去。

⑥ 两端线都穿完，是下图的样子。

⑦ 调线，配色线要比主色线的耳翼小一点。

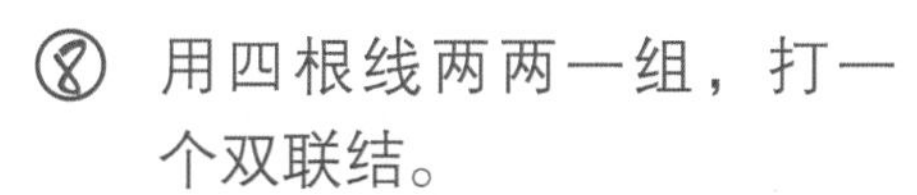

⑧ 用四根线两两一组，打一个双联结。

⑨ 穿穗子，烤熔粘住线尾。涂定型胶。

7 双色叠翼盘长结

——变幻的魅力

盘长结变化万千，双色叠翼盘长结是交替用两种颜色的线编一个八道盘长结。结形耳翼叠加嵌套，像一朵花瓣层层叠叠的小花，有变幻之美。

材料

两根5号线，主色2米，配色1.5米，一个穗子。

工具

海绵垫、珠针、镊子、剪刀、软尺、打火机、定型胶、长尾夹。

扫码看视频

双色叠翼盘长结由双联结、盘长结组成。

① 主色线对折，编双联结，并将其固定在距离对折处 7—8 厘米的位置，将双联结下的右线固定在海绵垫上，排出两个“V”字形，分别作为第一列和第四列，中间要留出两列。

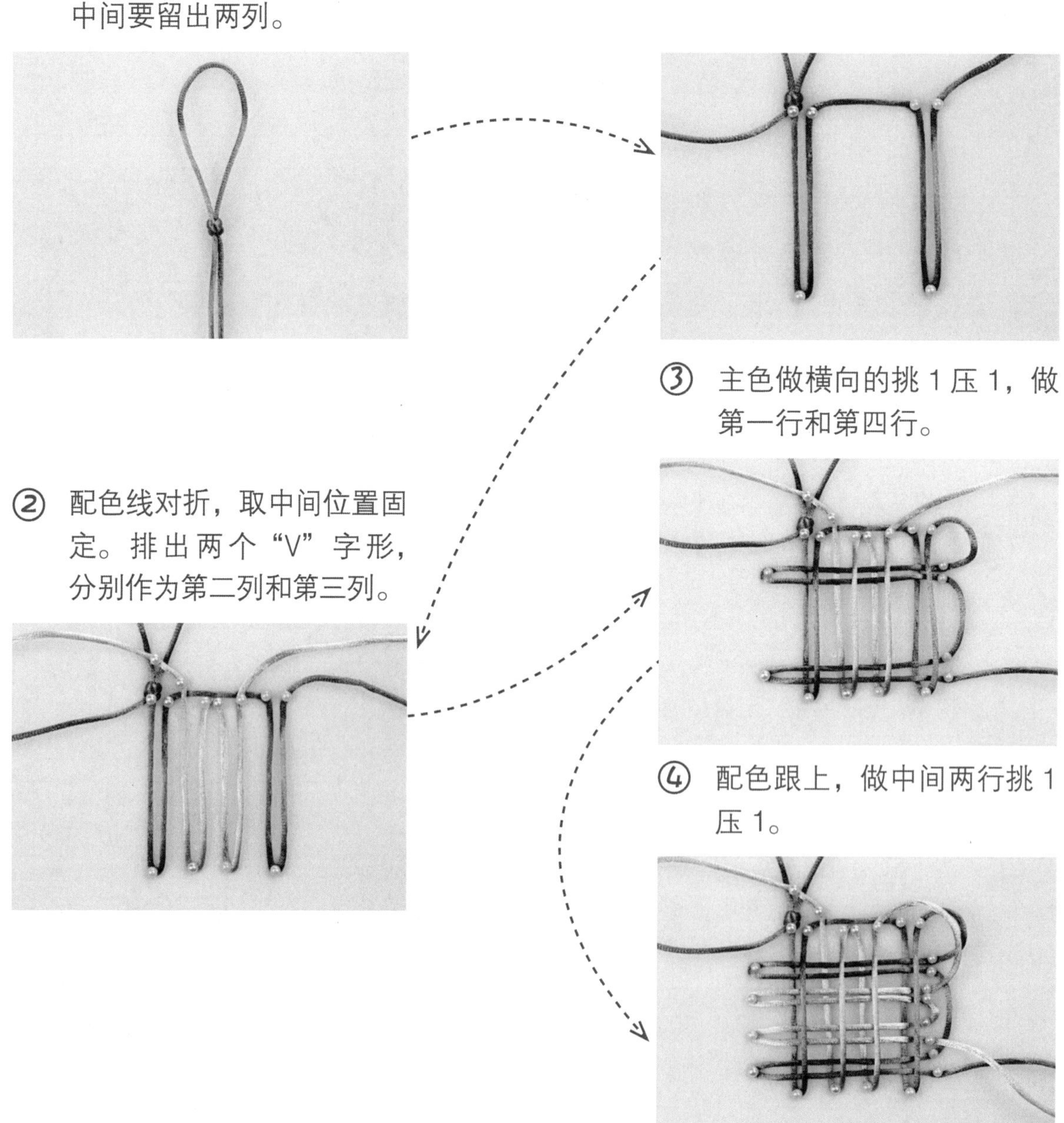

② 配色线对折，取中间位置固定。排出两个“V”字形，分别作为第二列和第三列。

③ 主色做横向的挑 1 压 1，做第一行和第四行。

④ 配色跟上，做中间两行挑 1 压 1。

⑤ 主色线左线做第一、第四行“全上全下”。注意及时插针固定，并且要横平竖直，横线不能随意交叉，要拉紧。

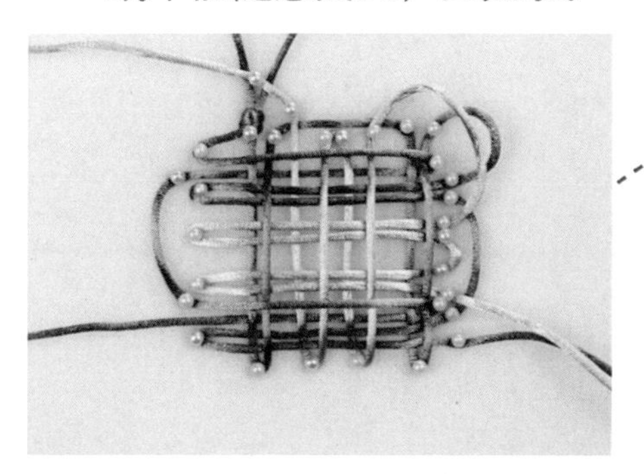

⑥ 配色做第二、第三行“全上全下”。

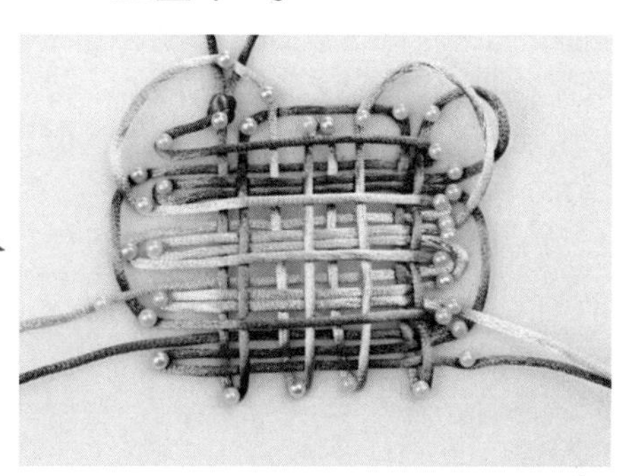

⑦ 主色从下向上做第一、第四列挑压，挑 1 压 3 三次，再挑 1，从上部圈里返回，挑 2 压 1 接着挑 3 压 1 两次，最后挑 3 压 1 挑 1 出。

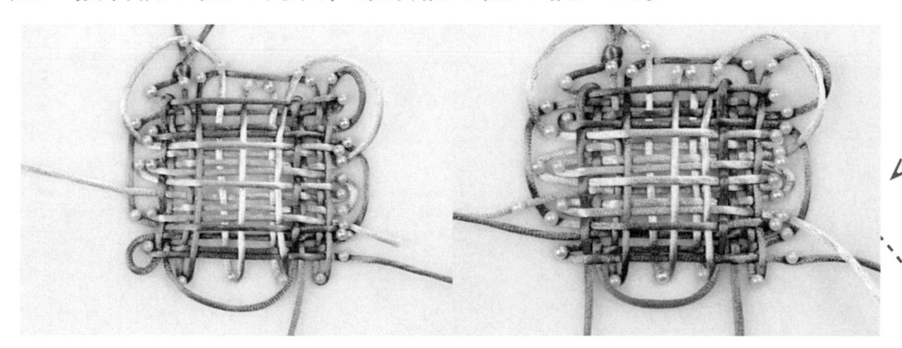

⑧ 配色跟着完成第二、第三列挑压。

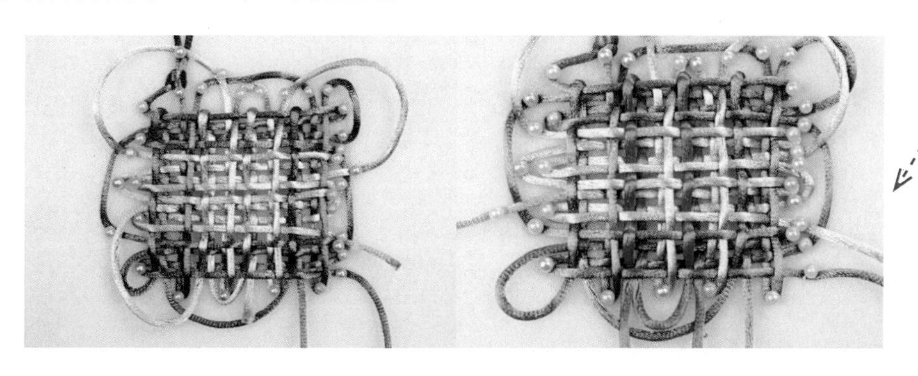

⑨ 调线整理。

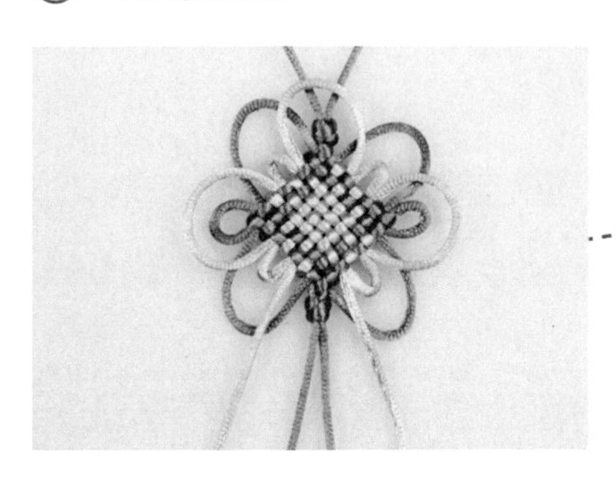

⑩ 将配色线尾留出稍小于一个花瓣的量，剪断，烤熔粘好。

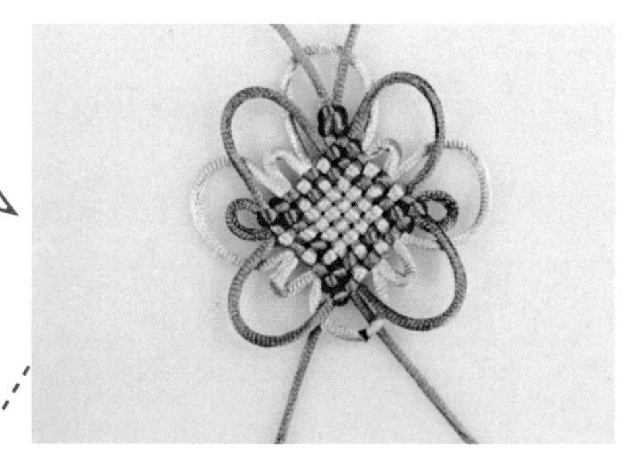

⑪ 把接头部分调到看不到的位置。调线比较麻烦，需要整个配色部分沿着线的走向转一大圈。

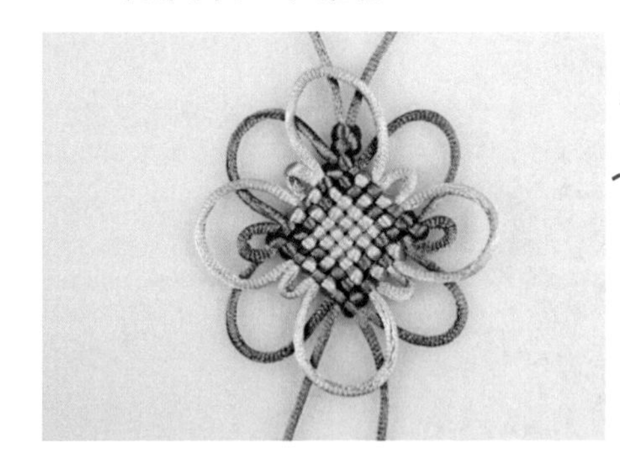

⑫ 打双联结，穿平安扣。平安扣穿法见下图。

⑬ 再打双联结，穿穗子。

⑭ 如果想要一些花瓣效果，可以用长尾夹夹出造型，再滴入定型胶，待干透后取下长尾夹即成。

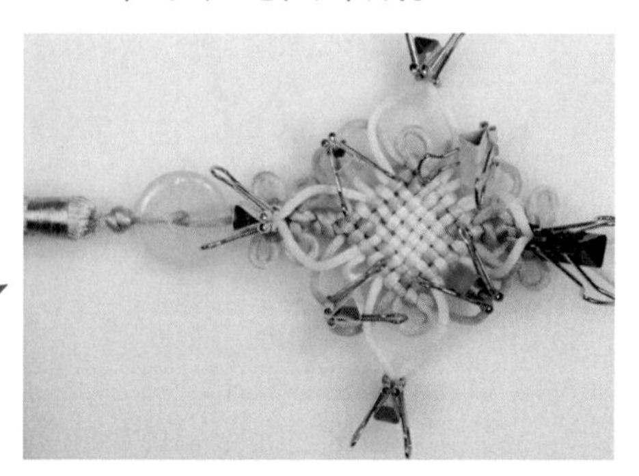

叠翼盘长结可以跟其他结型组合，图中上下配的是六耳团锦结。如果上下带搭配结，主色线需要准备 2.5 米。

8 复翼盘长结
——耳饰也传统

六道复翼盘长结是六道盘长结的变体，跟基本盘长结的差别在于走线的纵横次序不同，纵向排线与横向排线顺序交错，就会产生耳翼嵌套的效果，比普通的盘长结更富于美感。

材料

准备两根2米长的5号线，一对耳钩，两个珠子（孔径4毫米左右），两个穗子。

工具

海绵垫、珠针、镊子、剪刀、软尺、打火机、定型胶。

扫码看视频

复翼盘长结耳环由双联结、复翼盘长结组成。

① 5 号线对折，打双联结，将打好的双联结固定在距离对折处 1—2 厘米的位置。

② 将双联结下方的右线固定在海绵垫上，右线排两个“V”，空出最后一列。

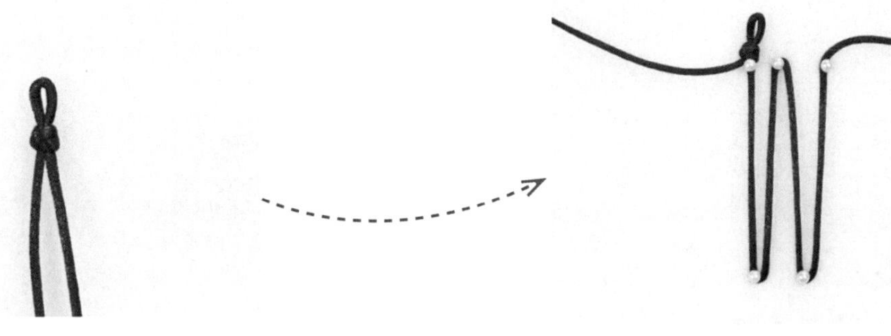

③ 横向挑 1 压 1，做中间的一道。先做下线，再做上线，或者挑压以后把上下线对调一下。

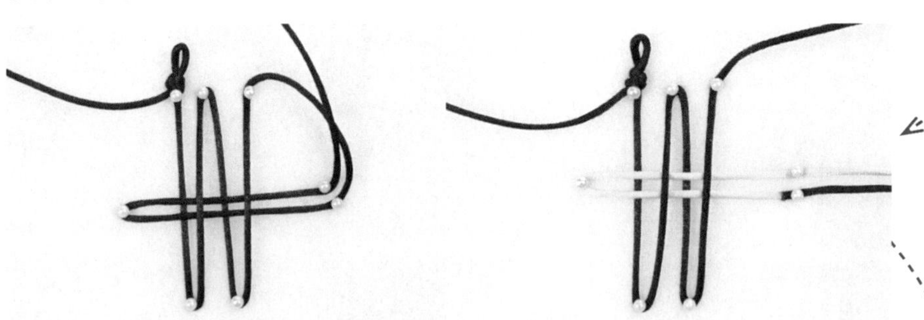

④ 右线再做最后一个“V”，先做后线，再做前线。

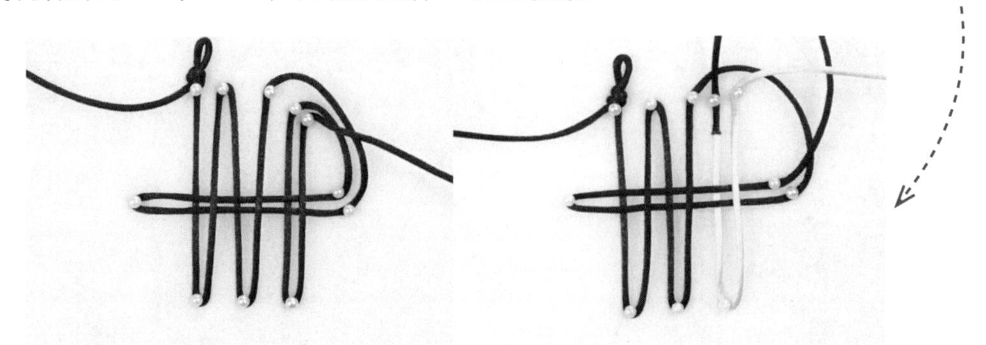

⑤ 继续做横向的第一行和第三行挑 1 压 1，右线完成排线。

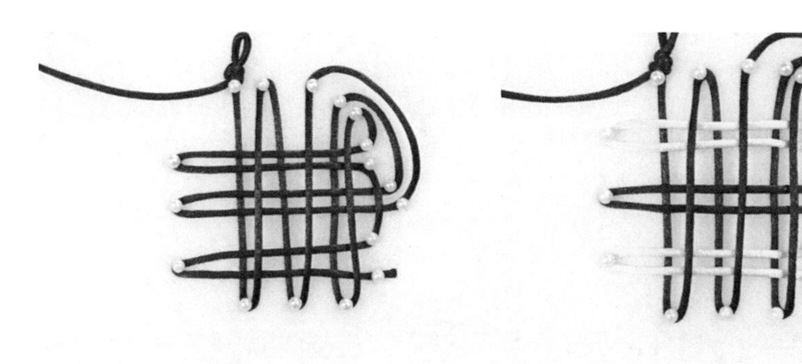

⑥ 左线做“全上全下”，做两行。

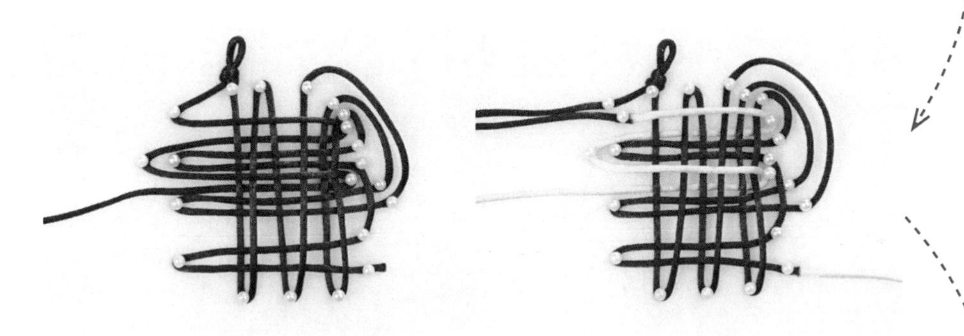

⑦ 左线做纵向中间列的挑压，挑 1 压 1 挑 1 压 1 挑 3 压 1，从上面圈内返回，压 3 挑 1 压 3 挑 1 压 1 挑 1。注意黄线是从左边返回的，跟以往走线位置不一样。

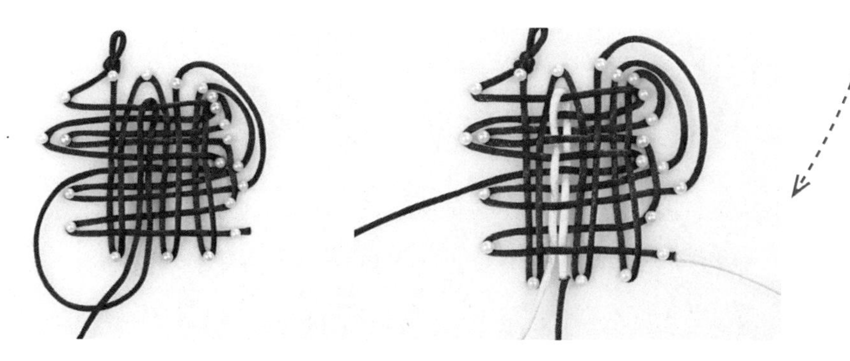

⑧ 左线继续做最后一行，先全下，后全上，与以往相反。做的时候要避开第7步做的纵向挑压的线。做全下时，要压第7步的线；做全上时，要挑第6步的线。

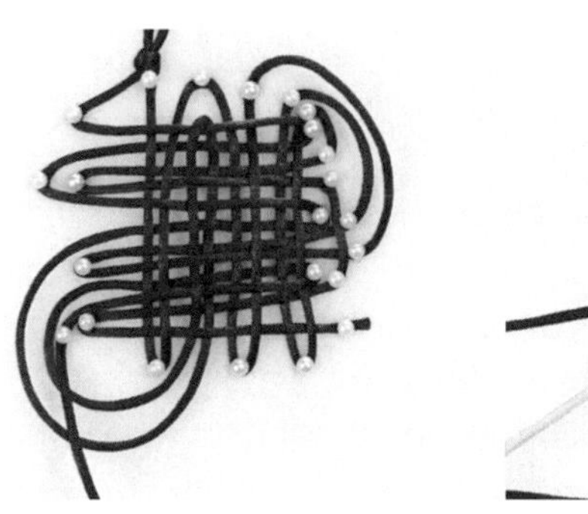
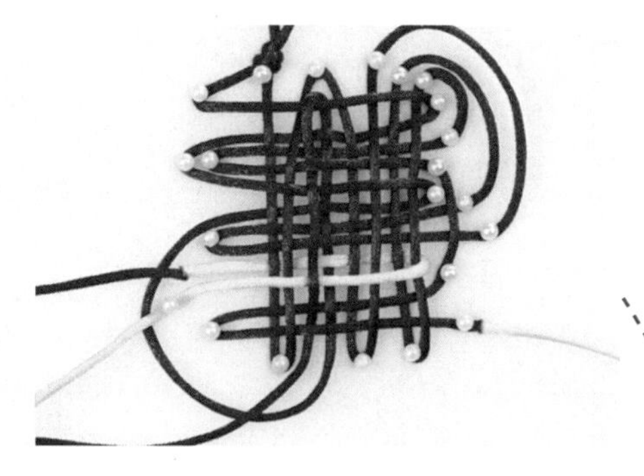

⑨ 最后做挑压，这一步跟六道盘长结一致。

⑩ 调线，注意左右对称。

⑪ 编双联结，穿穗子，再打双联结，涂胶。

⑫ 挂耳钩，用钳子打开小环，把结上方留出来的线放进去，把耳钩也挂进去，再捏合银环即可。

⑬ 最后，在结体和穗子的缠线部分涂上定型胶，复翼尽量不要涂胶。

9 磬结
——吉庆祥瑞

古代富贵人家也称“钟鸣鼎食之家”，钟磬是富裕生活的代表，磬结因为形状跟磬相似而得名。又因为“磬”与“庆”同音，所以经常用来表达“吉庆”，如吉庆有余、吉庆祥瑞、普天同庆等等。

材料

一根3米长的5号线，一个珠子（孔径4毫米左右），一个穗子。

工具

海绵垫、珠针、镊子、剪刀、软尺、打火机、定型胶。

扫码看视频

磬结挂饰由双联结、磬结、酢（cù）浆草结组成。

先看酢浆草结的编法。单个酢浆草结是整个挂饰的基础，我们先练习编三耳酢浆草结。为了让大家看清楚，我们将四种颜色的5号线粘起来演示。

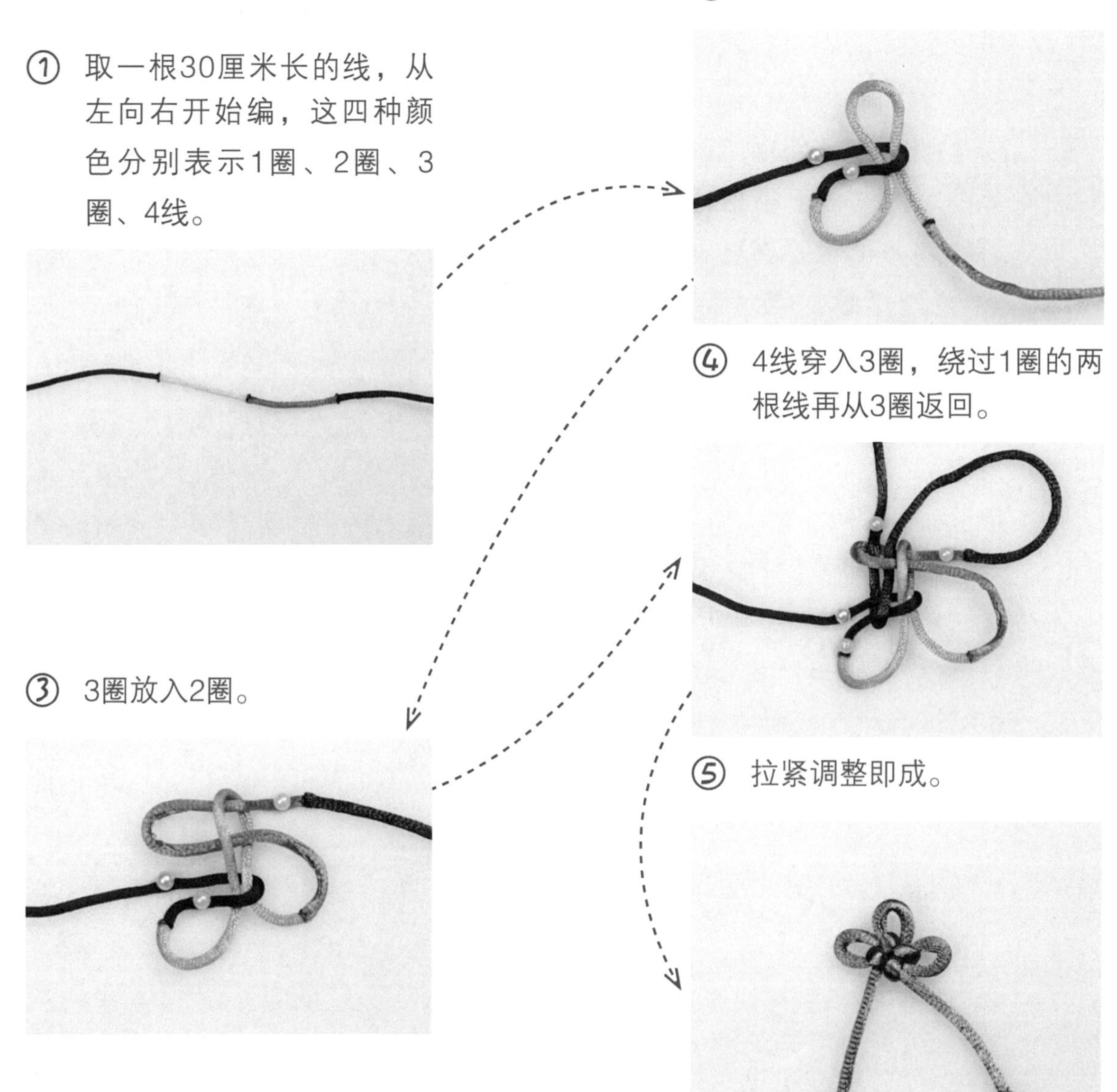

① 取一根30厘米长的线，从左向右开始编，这四种颜色分别表示1圈、2圈、3圈、4线。

② 2圈放入1圈。

③ 3圈放入2圈。

④ 4线穿入3圈，绕过1圈的两根线再从3圈返回。

⑤ 拉紧调整即成。

下面开始编磬结挂饰。

① 3米线对折，编双联结，固定在距离对折处7—8厘米的位置。在海绵垫上固定，右线排出两个长“V”、三个短“V”。

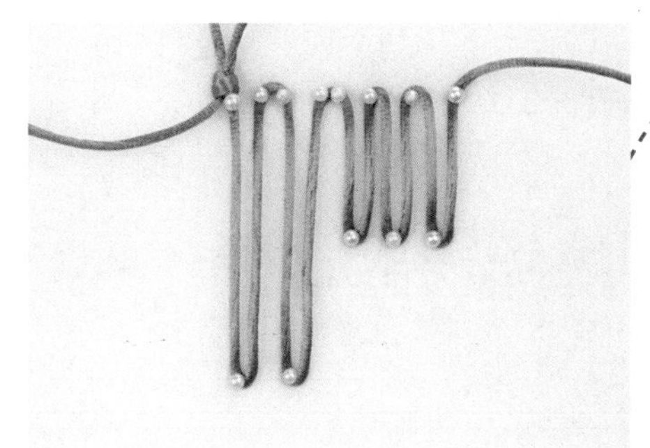

② 右线从右向左，做挑1压1，做两次。

③ 左线从左向右，做“全上全下”，两次长，三次短。

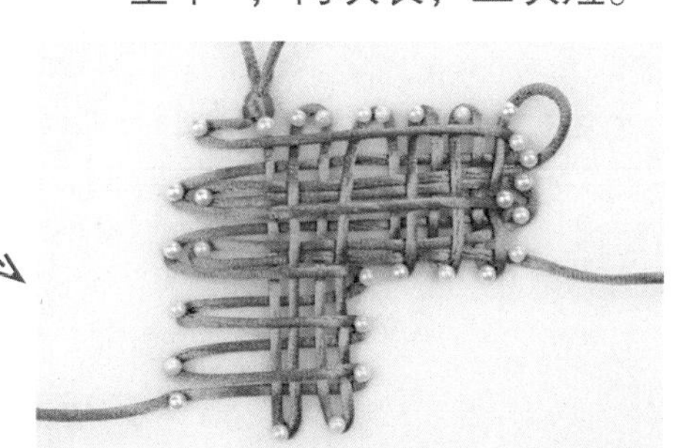

④ 左线自下向上，做压6挑1压3挑1，从顶部圆圈返回，做挑2压1挑3压1挑6出，做两列。

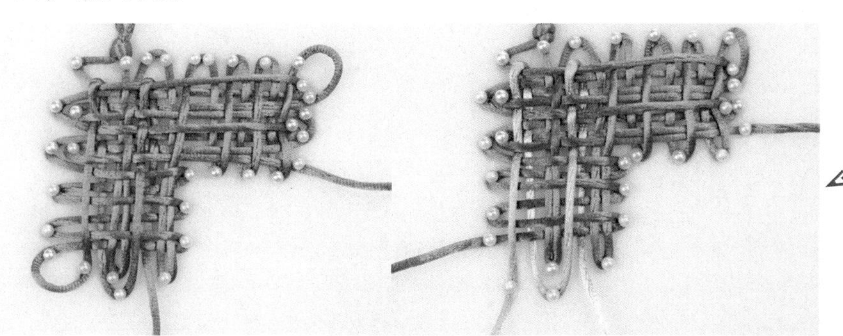

⑤ 左线自右向左，做挑1压3挑1，从左边圈里返回，挑2压1挑3压1挑1出，从下往上做三行。左线排线完成。

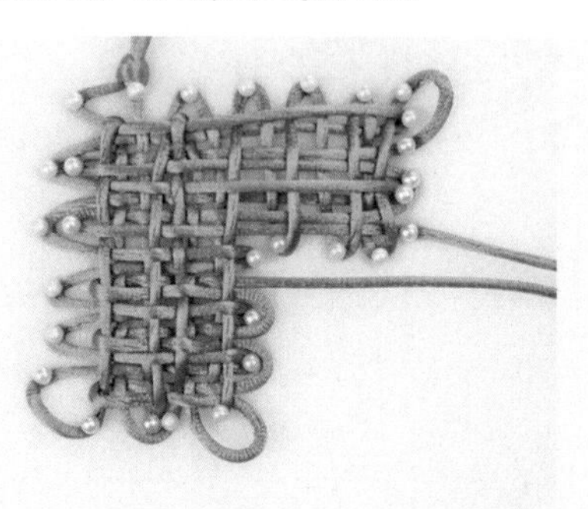

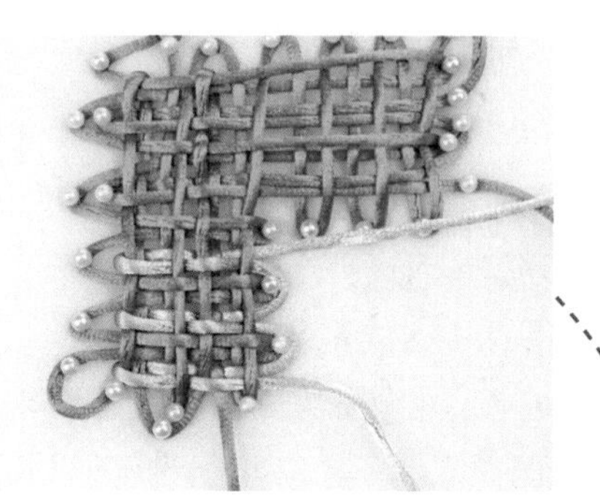

⑥ 右线从下往上，做短的挑压，规律同第5步。从右向左做三列，完成排线。

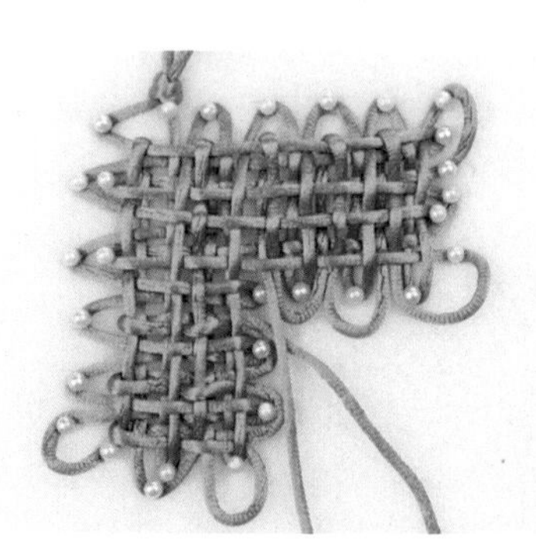

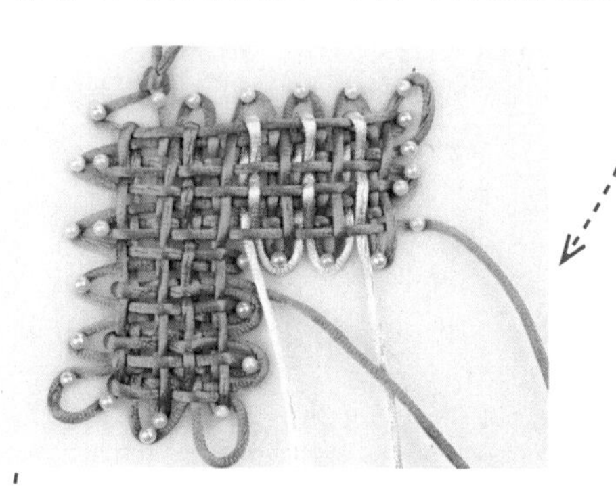

⑦ 调线。先把中间部分拉整齐，做到横平竖直，再调整耳翼。

⑧ 调整好以后，打双联结，穿珠，再打双联结固定。

⑨ 编酢浆草结。按照图中珠针指示的顺序穿圈。

⑩ 2 圈放入 1 圈。

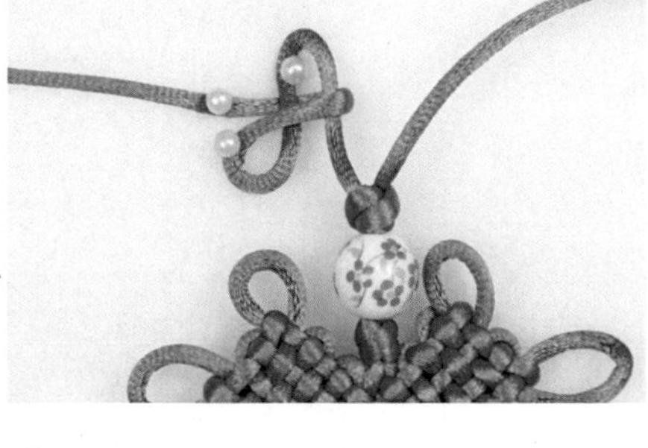
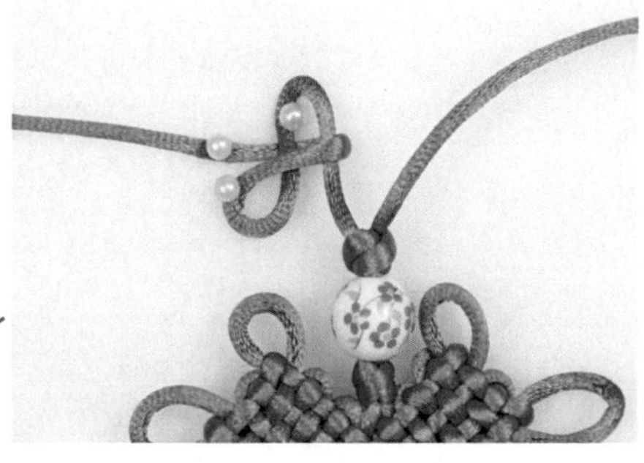

⑪ 双联结右边的线是 3 圈，3 圈放入 2 圈。

⑫ 4 线穿入 3 圈，绕过 1 圈的两根线再从 3 圈返回。

⑬ 编好以后打双联结。

⑭ 最后穿穗子，上定型胶。

10 酢浆草双色盘长结

——组合的艺术

酢浆草结得名于田间的野草酸浆，因为结型跟这种小草相似。酢浆草结可以互相组合，四个酢浆草结能组合成一个类似于如意的结型，衬托在主结上下，使整个挂饰呈现几何美。开始时可练习组合小结型的方法，慢慢地就能做出更加复杂的挂饰了。

材料

两根5号线，主色2.5米，辅色70厘米，一个穗子。

工具

海绵垫、珠针、镊子、剪刀、软尺、打火机、定型胶。

扫码看视频

酢浆草双色盘长结由上下两组酢浆草结、双联结、双色盘长结组成，是一个比较复杂的结型。

① 主色线对折，编双联结，固定在距离对折处7—8厘米的位置，对折处朝下，线尾朝上。图中珠针的数量表示编酢浆草结的步骤（参看“9. 磬结”）。

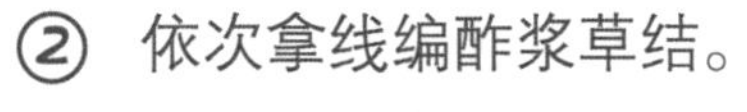

② 依次拿线编酢浆草结。

③ 左右线再各编一个酢浆草结。

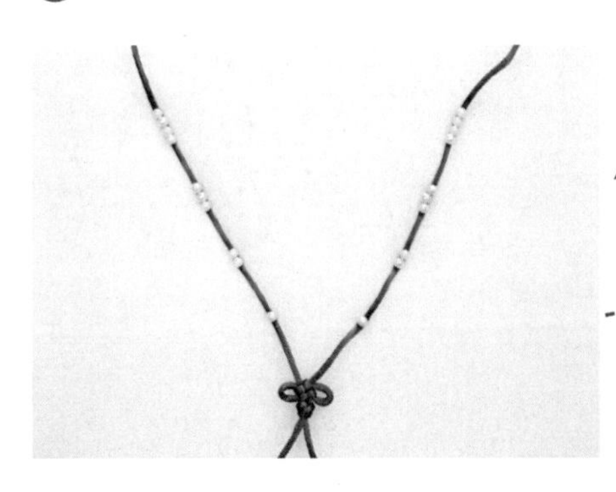

④ 按照图中所示次序，再编酢浆草结，这一步能把前面三个酢浆草结都连在一起。

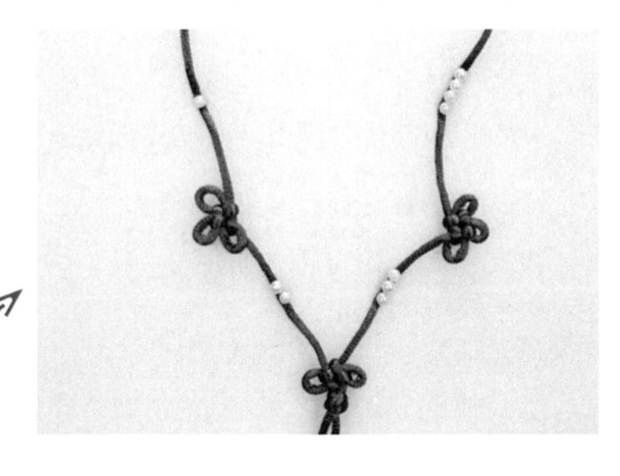

⑤ 耐心调整耳翼大小，把多余的线都调出来后，打双联结。这时四个酢浆草就形成了一个如意的形状。

⑥ 刚才我们一直是倒着编的，现在将如意结正向放置。接着编四道盘长结，整理的时候注意中间纵横交错的部分要留出空隙。

⑦ 从线尾处穿入辅色线，任意选一根跟着走。

⑧ 穿到上方双联结处，继续跟双联结下面出来的另一条线走。

⑨ 最后全部穿完，从另一条线尾处穿出来。

⑩ 反过来看，是蓝色为主色。

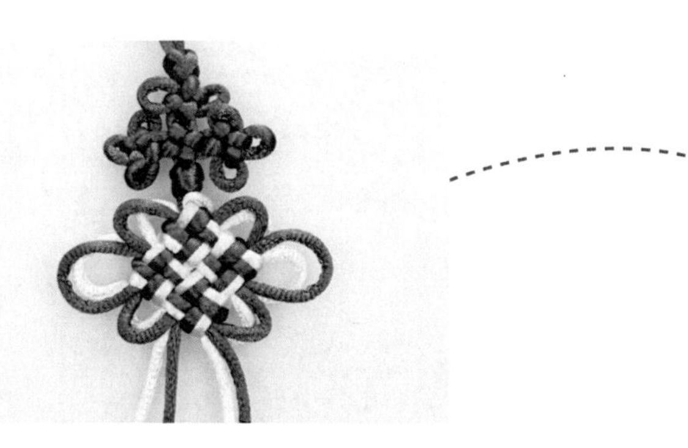

⑪ 主色线打双联结。

⑫ 把编好的结再倒过来，接着编酢浆草结，左右各编一个。

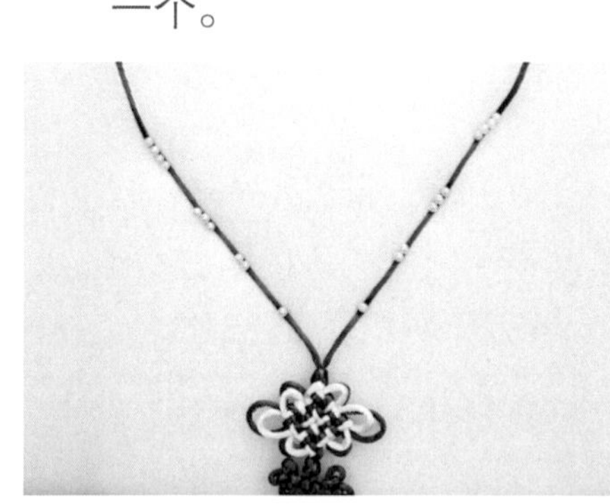

⑬ 按照图中所示次序，再编酢浆草结。

⑭ 按照图中所示次序，再编酢浆草结。

⑮ 耐心调整耳翼大小，把多余的线都调出来后，打双联结。

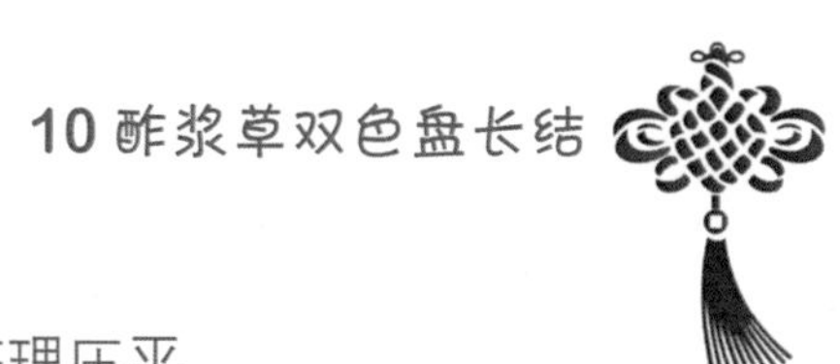

⑯ 最后穿好穗子，酢浆草结涂定型胶后整理压平。

11 寿字结
——祝爷爷奶奶健康长寿

中国人尊重长者，尊敬老人，祝寿是非常重要的传统活动。家中长者做寿，中堂都要摆寿屏，上面写一个大大的寿字。寿字结模仿的就是篆书的寿字，形状细长，能讨长寿的口彩，寓意福寿绵长，送给过生日的老人最为妥帖。

材料

一根2米长的红色5号线，一颗珠子（孔径4毫米左右），一个穗子。

工具

剪刀、软尺、打火机、定型胶、长尾夹。

扫码看视频

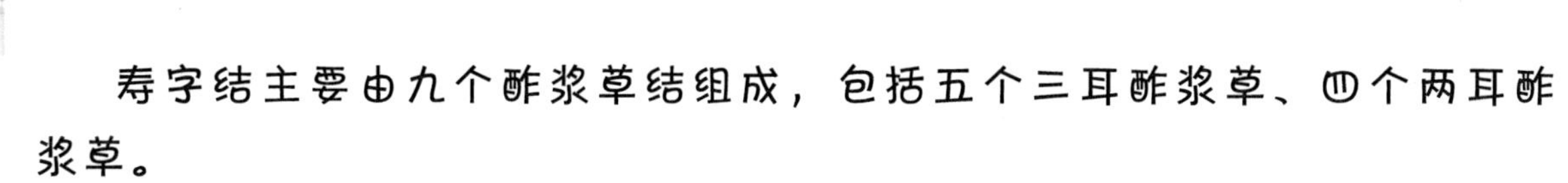

寿字结主要由九个酢浆草结组成，包括五个三耳酢浆草、四个两耳酢浆草。

① 取5号线对折，编双联结，固定在距离对折处7—8厘米的位置。对折处朝下，线尾朝上，按照图中所示次序，编第一个酢浆草结。

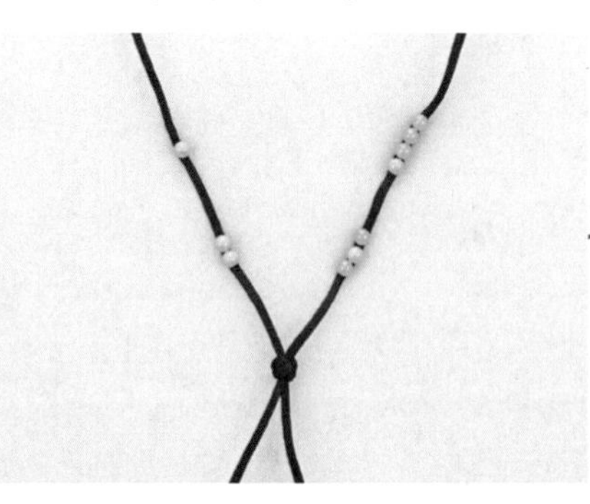

② 左右线再各编一个两耳酢浆草结。

③ 按照图中所示次序，再编第四个酢浆草结。

④ 调线，注意靠边的两个外耳留得稍微大一点儿。再编第五个酢浆草结。

⑤ 左右线再各编一个两耳酢浆草结。

⑥ 编第八个酢浆草结。

⑦ 调线，注意靠边的两个外耳留得稍微大一点儿。再编第九个酢浆草结。

⑧ 打双联结。

⑨ 穿珠，穿穗子。

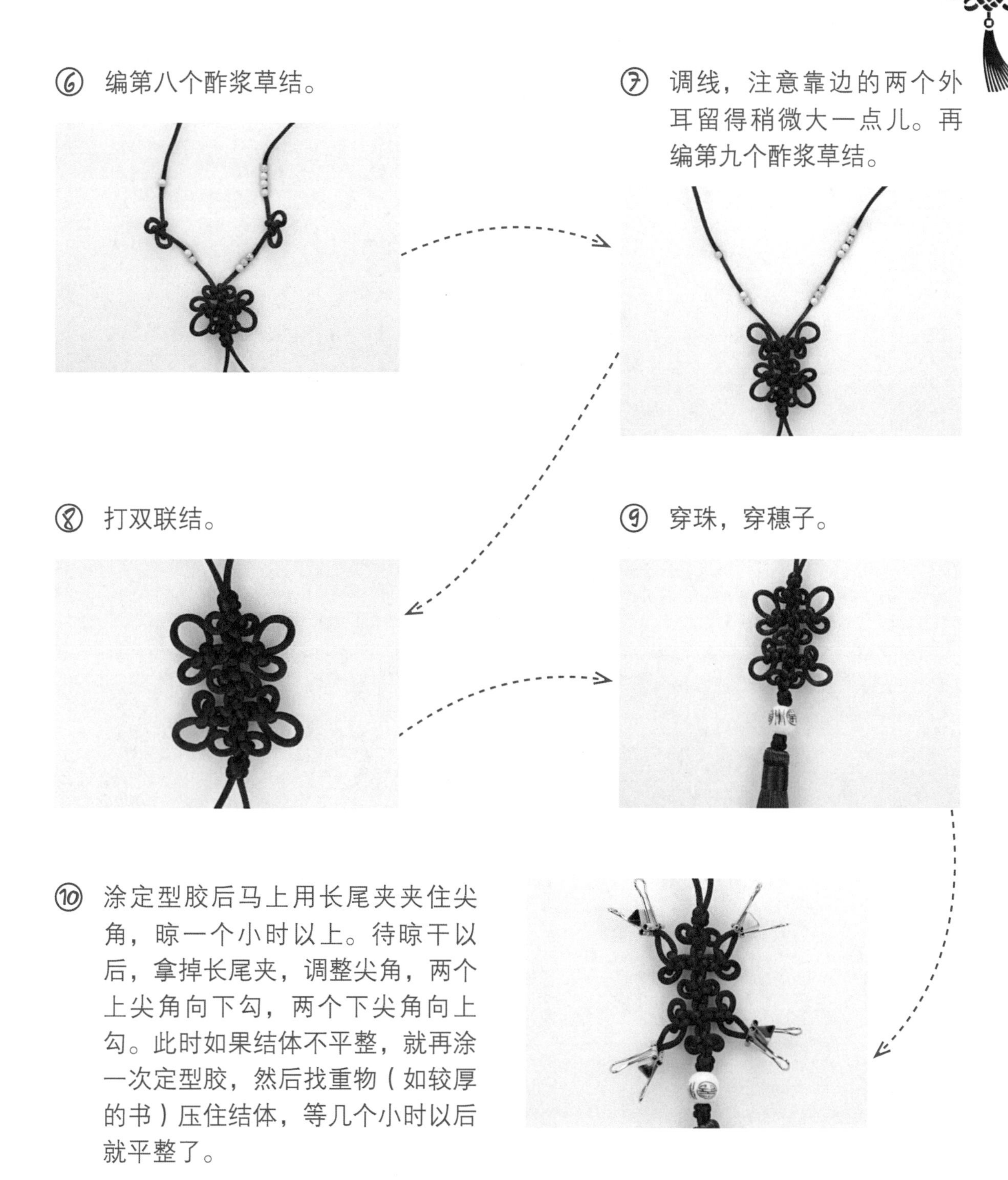

⑩ 涂定型胶后马上用长尾夹夹住尖角，晾一个小时以上。待晾干以后，拿掉长尾夹，调整尖角，两个上尖角向下勾，两个下尖角向上勾。此时如果结体不平整，就再涂一次定型胶，然后找重物（如较厚的书）压住结体，等几个小时以后就平整了。

12 酢浆草结蝴蝶

——梁祝化蝶

蝴蝶在中华传统文化中是个很有代表性的意象，象征自由、美丽；又因为蝴蝶雌雄相随，不离不弃，所以文艺作品中常常用蝴蝶双双飞舞象征自由而美好的恋情。酢浆草结蝴蝶由六个酢浆草结组成，可以独立成为一个挂饰，也可以跟其他结型组合。

材料

一根2米长的5号线，一颗珠子（孔径4毫米左右），一个穗子。

工具

剪刀、软尺、打火机、定型胶

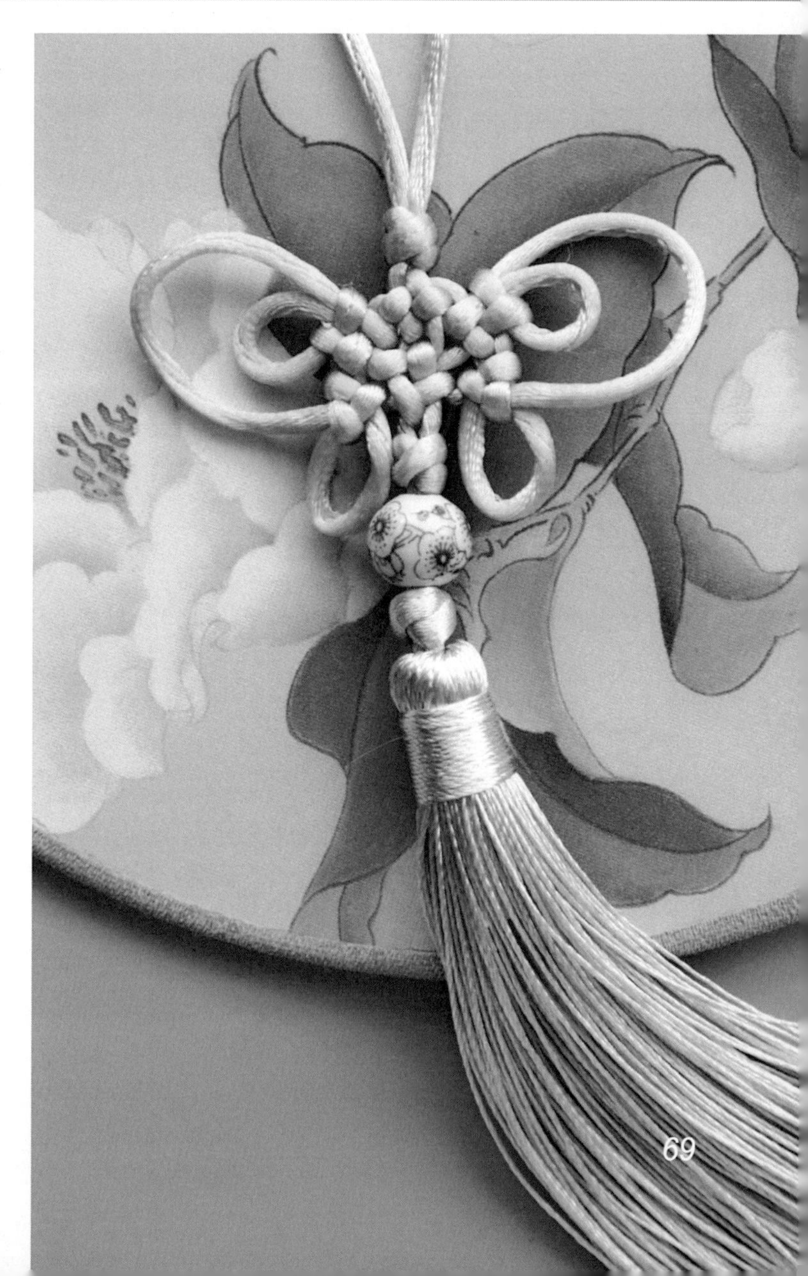

扫码看视频

酢浆草结蝴蝶挂饰由酢浆草结、双联结组成。

① 5 号线对折，编双联结，固定在距对折处 7—8 厘米的位置。在双联结下方编一个酢浆草结，调整耳翼到合适大小，然后倒过来。按图示，珠针数量代表编结次序，耳翼做 1 圈，线尾依次做 2 圈、3 圈、4 线，继续编酢浆草结，左右各编一个。

② 用图中所示的耳翼作为 1 圈，线尾做 2 圈和 3 线，编一个两耳酢浆草结，左右各编一个。

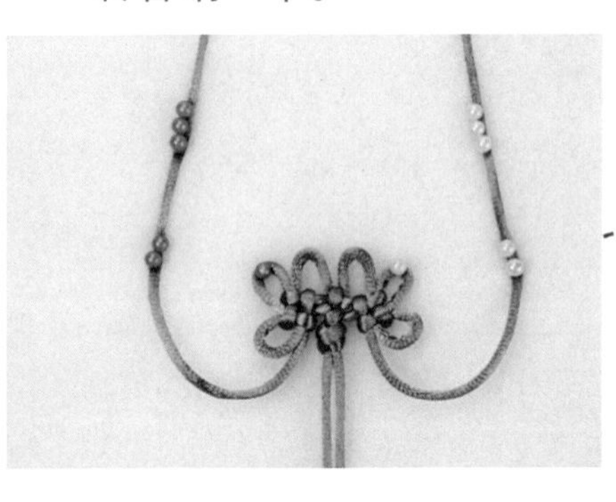

③ 依图示次序编酢浆草结。

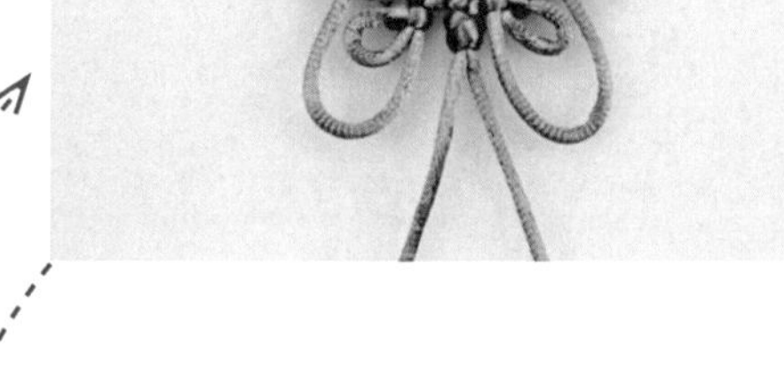

④ 整理耳翼大小。

⑤ 编双联结，穿珠。再编双联结，穿穗子，最后涂定型胶。

13 端午节五彩线
——金木水火土

五彩线又叫五彩长命缕，是端午节儿童必备饰物。每到端午节，大人们清早就给孩子在手腕、脚腕、脖子上系上五彩线。传说五彩线不可随意丢弃，只能在夏季一场大雨之后，剪断扔进大雨或者河水中，顺水流走，以示瘟病鬼魅被驱走之意。古代医疗水平不高，儿童早夭很常见，人们用这种方式祈求孩子平安健康。

材料

四根70厘米长的72号玉线，其中两根五色，两根红色；一根40厘米长的红色72号玉线。

工具

剪刀、软尺、打火机、蝴蝶夹书写板。

扫码看视频

整只手链由单向平结这一种结型组成。

① 四根 70 厘米长玉线对齐，在距离上端 12 厘米处随便打一个结。为使大家看得更清楚，我们用粗一点儿的线做展示。中间两根颜色相同，作为轴线；左右两根颜色相同，作为编线。

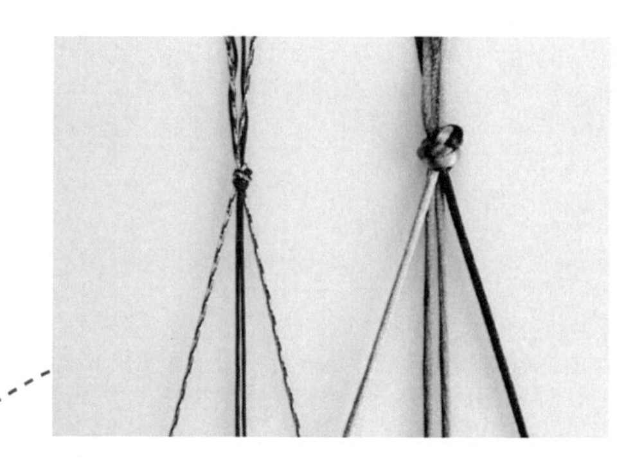

② 右侧线从轴线后面弯到左边，压在左线上边。

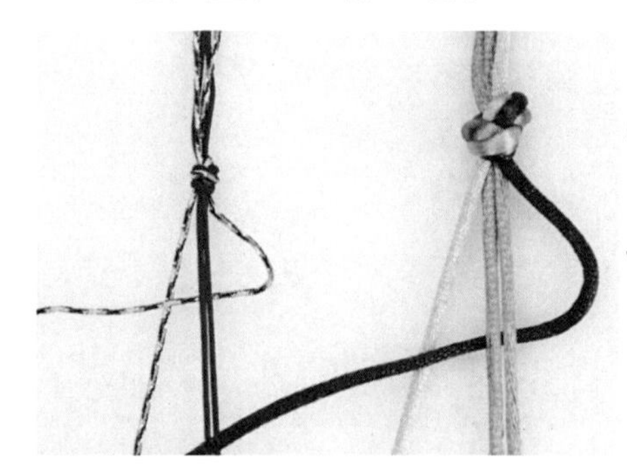

③ 左线穿右圈。

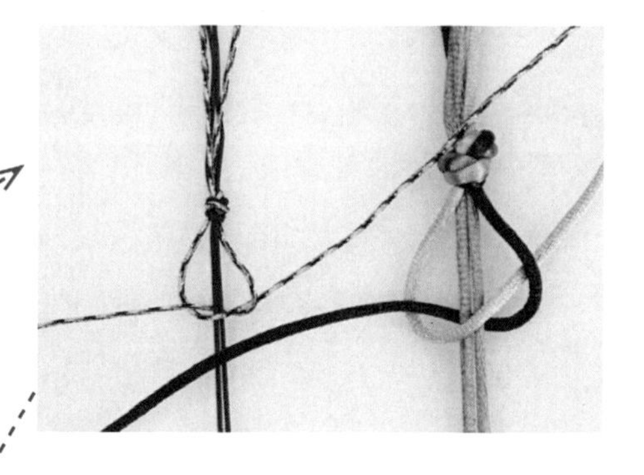

④ 拉紧，一个单向平结就做好了。

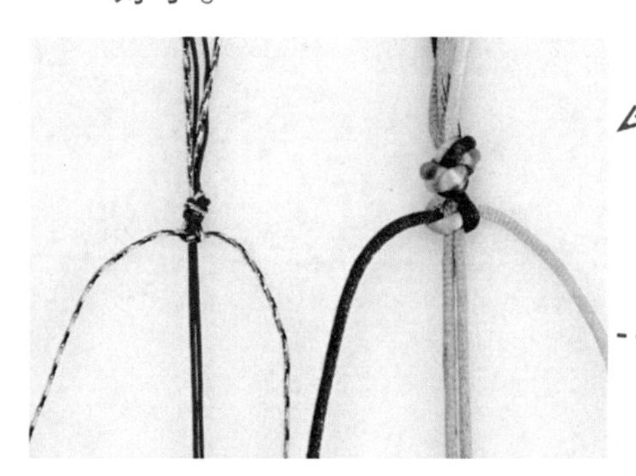

⑤ 重复编下去，就得到了一串单向平结。可以将顶端夹在蝴蝶夹书写板上帮助固定。

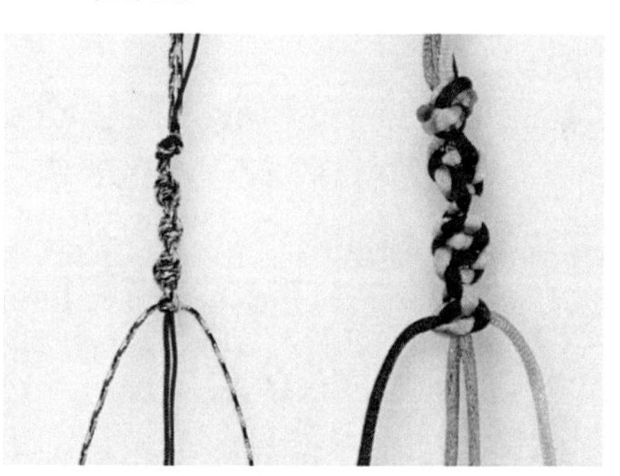

⑥ 编线和轴线位置互换。

⑦ 接着编单向平结，这样就能出现一段花线、一段红线的效果，具体编多长依据个人喜好而定。

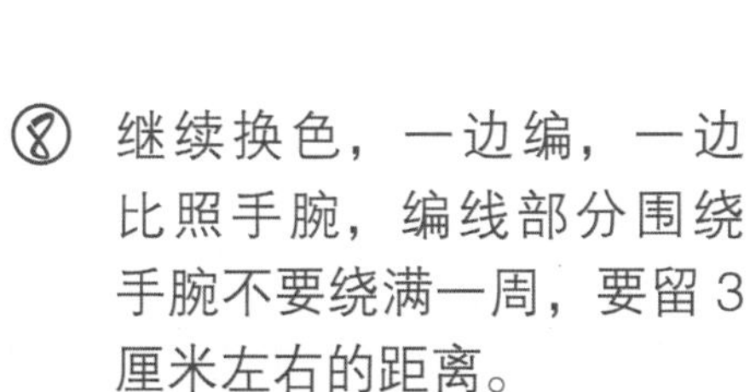

⑧ 继续换色，一边编，一边比照手腕，编线部分围绕手腕不要绕满一周，要留 3 厘米左右的距离。

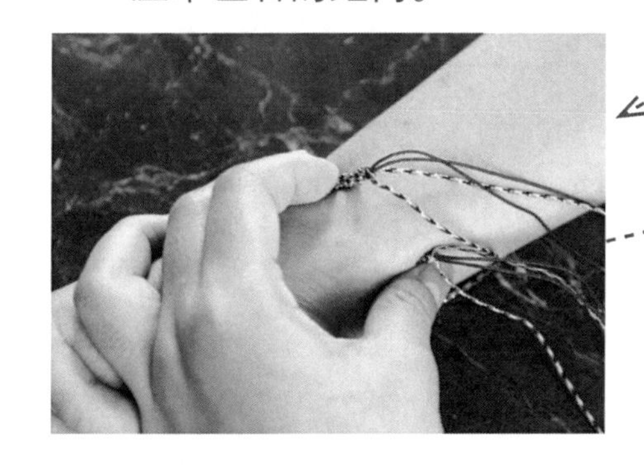

⑨ 长度合适以后，打开顶端的结。

⑩ 剪断两端的编线。

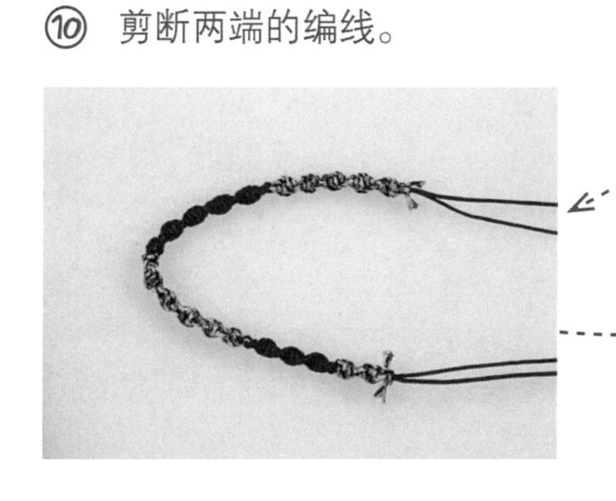

⑪ 烤熔粘住编线的线尾。

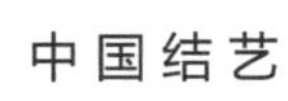

⑫ 线尾交叉，另取一条 40 厘米线。

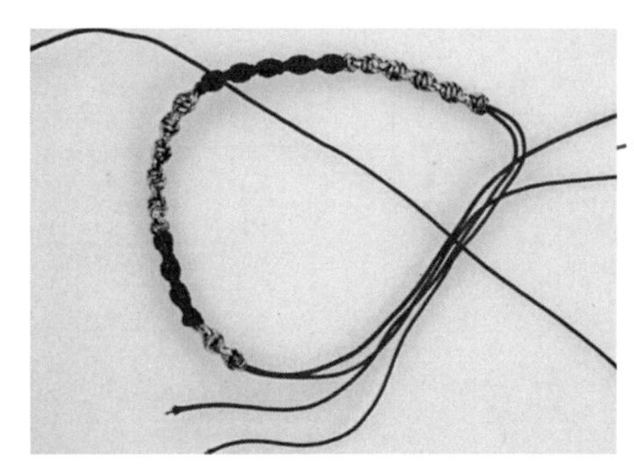

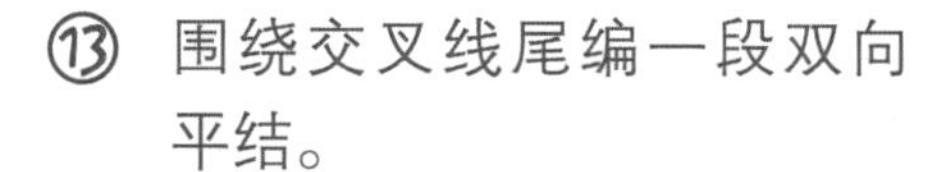

⑬ 围绕交叉线尾编一段双向平结。

⑭ 长度一般在 2 厘米左右。

⑮ 剪断线尾，烤熔粘住。这样编好以后，两端的线可以抽拉，佩戴者可以调节大小。

⑯ 戴在手腕上，找到能戴上手绳需要的最长位置，线尾各打一个结。

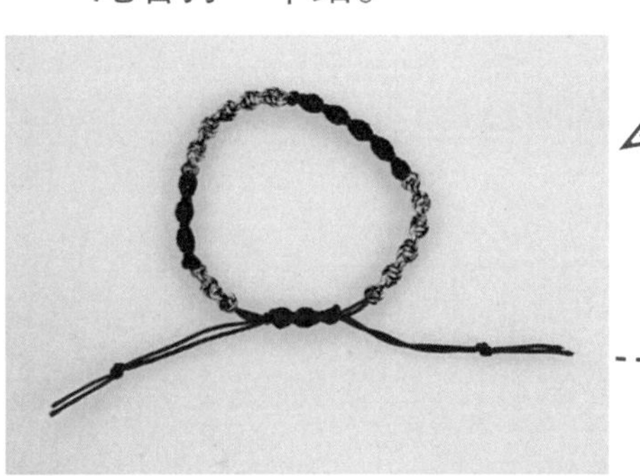

⑰ 剪断线尾，烤熔粘住。

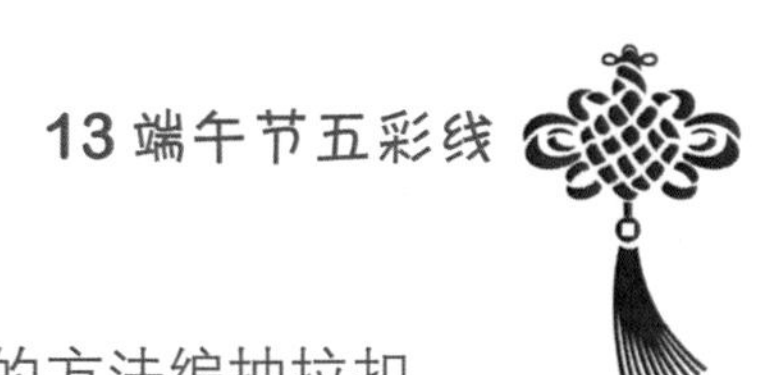

⑱ 如果想编能绕手腕两圈的手绳，就编长一点，再用同样的方法编抽拉扣。

14 平结手链

——平安

平结非常实用，当有几条线需要束缚时，就可以用平结来进行固定。平结分为单向平结和双向平结，起手始终用单侧线叫单向平结；左右线分别起手，叫作双向平结。双向平结更常用作抽拉口，也可以编手绳，加上小珠子更好看。

材料

黑色72号玉线五根，其中80厘米两根，60厘米两根，40厘米一根；另取直径3毫米铁珠60颗。

工具

剪刀、软尺、打火机、蝴蝶夹书写板。

扫码看视频

① 四根黑色玉线一起打一个结，固定在距离上端 15 厘米处。稍短的两根放在中间，作为轴线；稍长的线放两边，作为编线。

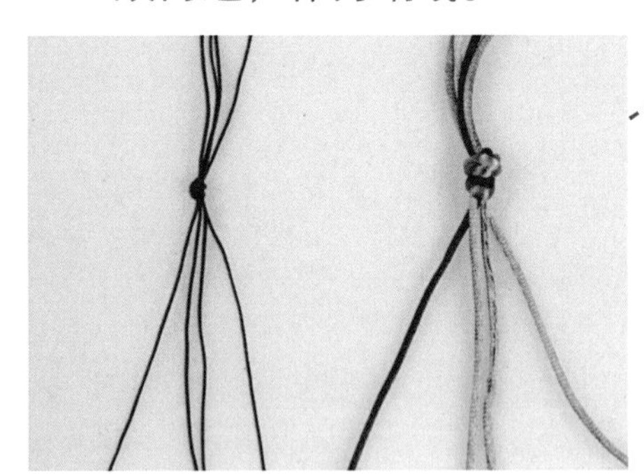

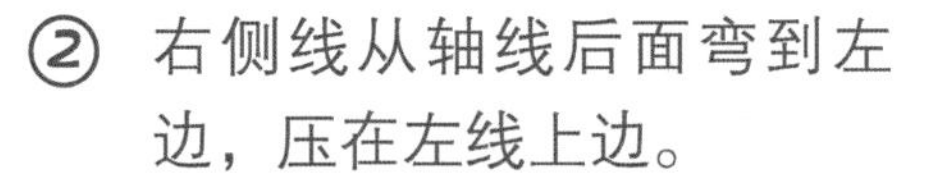

② 右侧线从轴线后面弯到左边，压在左线上边。

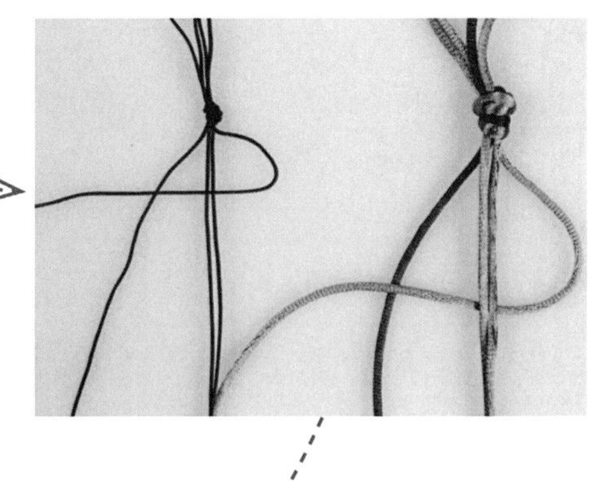

③ 左线穿右圈。

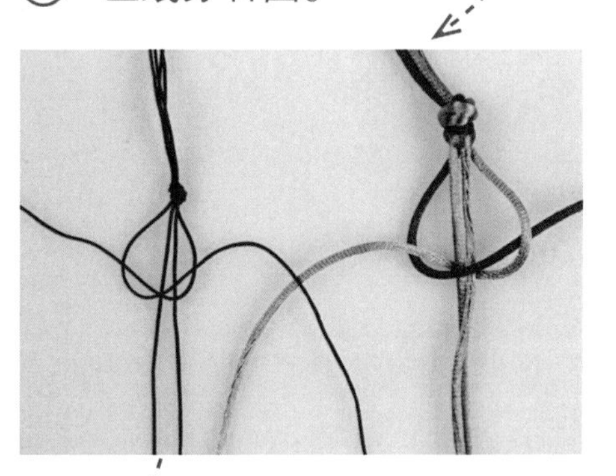

④ 拉紧，半个平结就做好了。

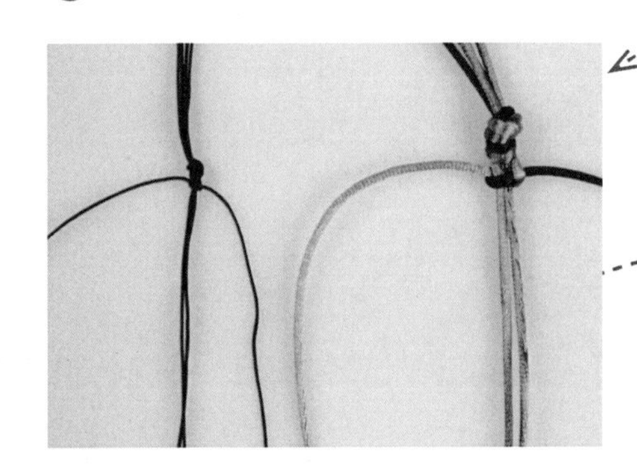

⑤ 换起手线，左线从轴线后面弯到右边，压在右线上边。

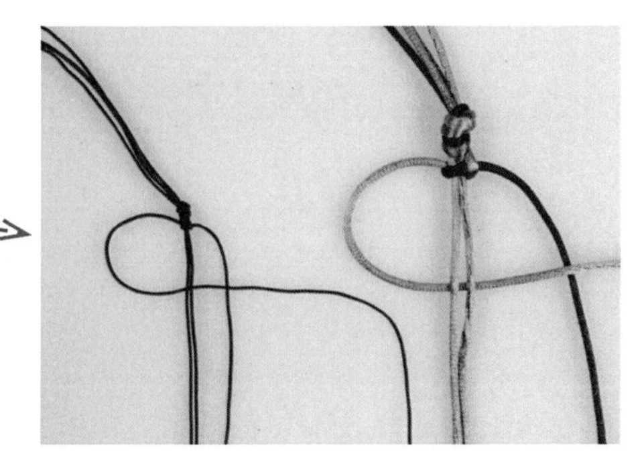

⑥ 右线穿左圈。

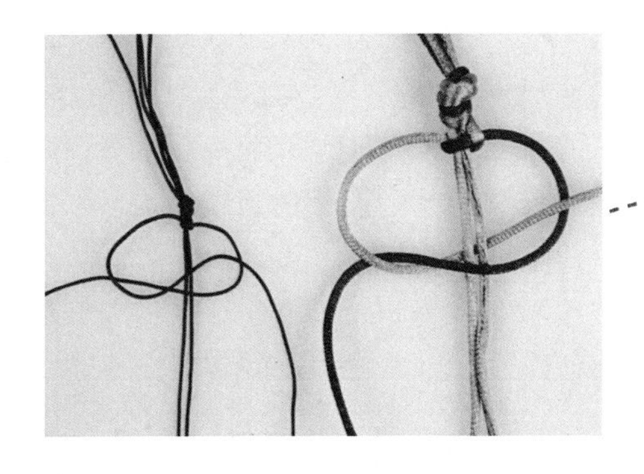

⑦ 拉紧，一个完整的平结就编好了。

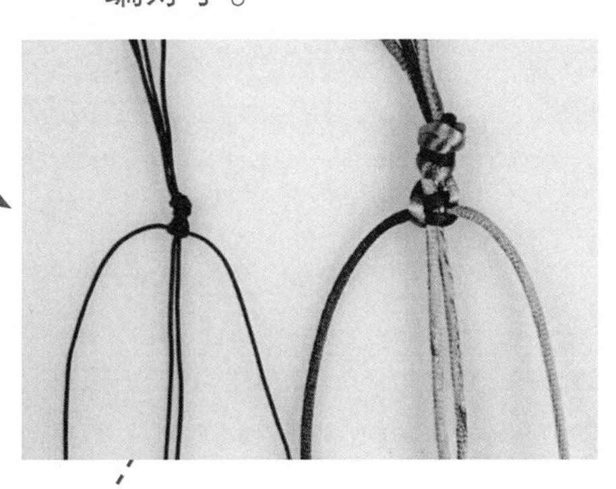

⑧ 左右线各穿一个珠子，再编一个平结。

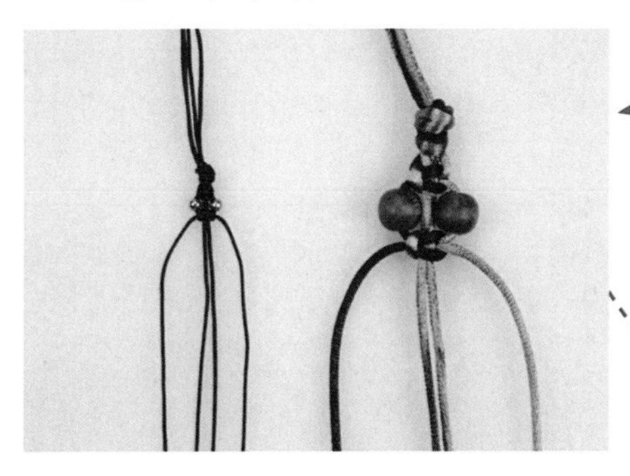

⑨ 每编一个平结就穿两个珠子。可以借助蝴蝶夹书写板固定重复编下去，编到合适的长度。注意不要绕满手腕，要留出编抽拉扣的距离。

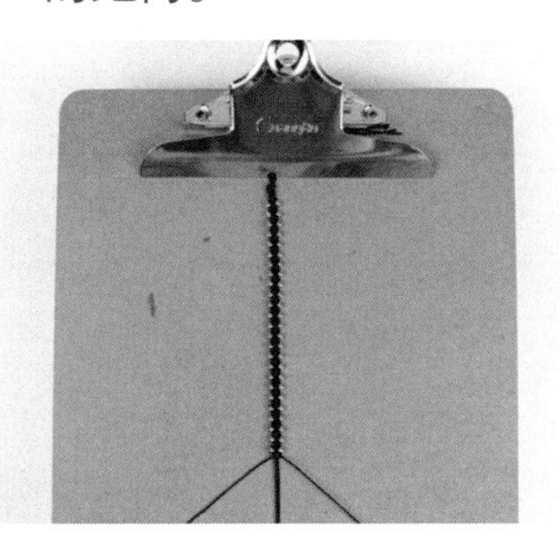

⑩ 打开顶端刚开始编时打的结。

⑪ 剪断编线，烤熔粘好。

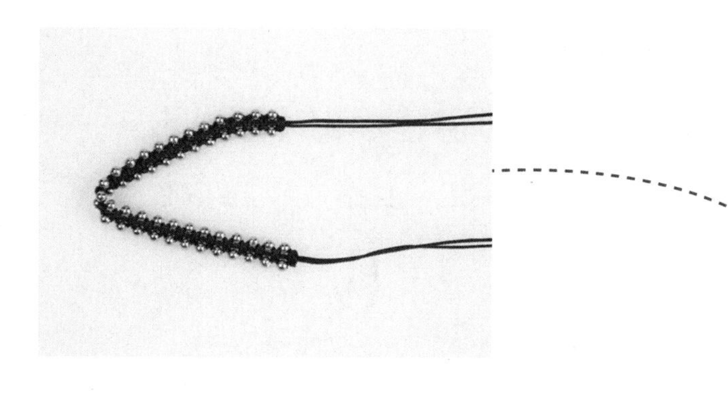

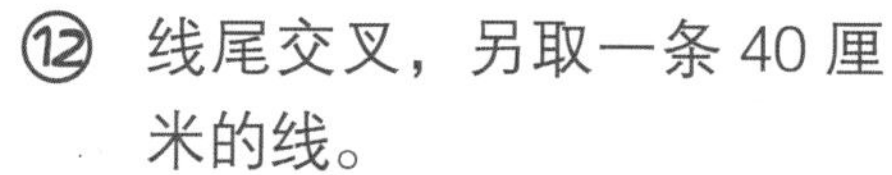

⑫ 线尾交叉，另取一条 40 厘米的线。

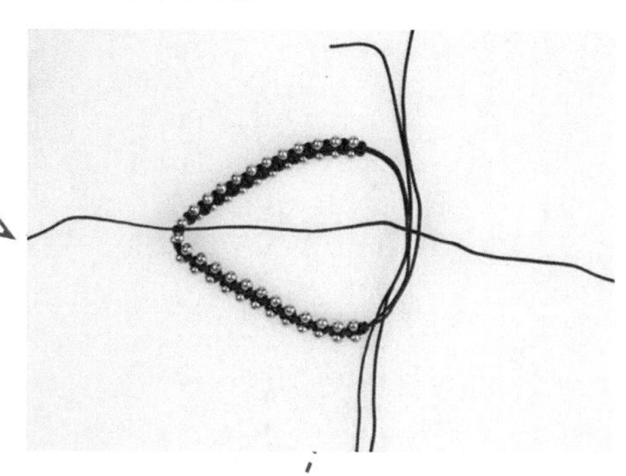

⑬ 围绕交叉线尾编一段双向平结，剪断线尾，烤熔粘住。找到能戴上手绳需要的最长位置，两边线尾各打一个结。

15 颈带

——传统变时尚

人们佩戴贴颈项链由来已久，这种样式的颈带（choker）是历史最为悠久的首饰之一。古代中美洲文明、古中国、古印度、古埃及都能找到贴颈项链首饰。今天，颈带作为时尚单品，主要的作用就是修饰脸型，增加美感。黑色的颈带围绕在头颈黄金分割的位置，既能衬托白皙的面庞，又能弥补夏天衣领过大的大面积空白。

材料

四根4米长的黑色72号玉线，一颗红色珠子（孔径2.5毫米左右）。

工具

剪刀、软尺、打火机、蝴蝶夹书写板。

扫码看视频

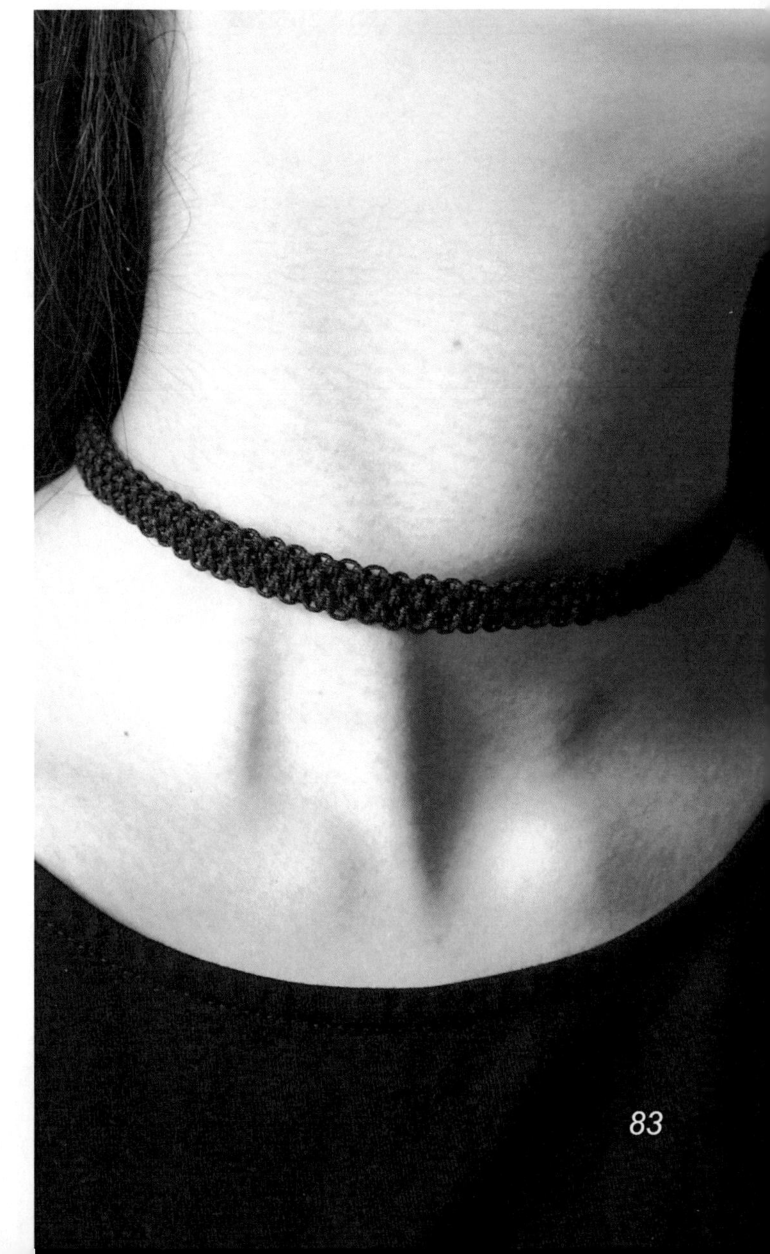

颈带完全由平结组成。

① 取两根 72 号玉线对折，作为轴线备用。

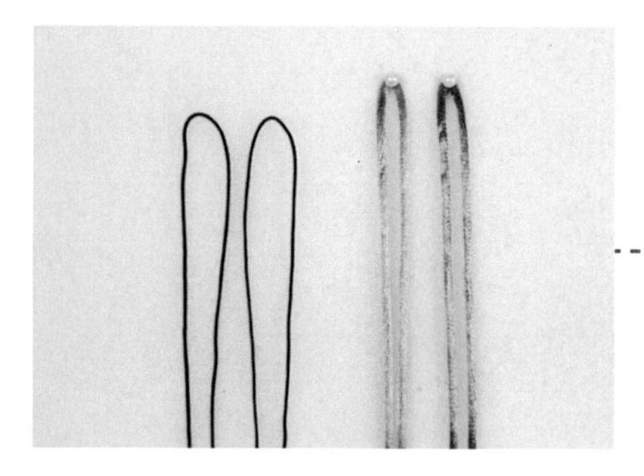

② 取另外两根 72 号线作为编线，围绕两根轴线分别编一个双向平结。注意：上方的两个圈是扣眼，要跟红色珠子大小相配。

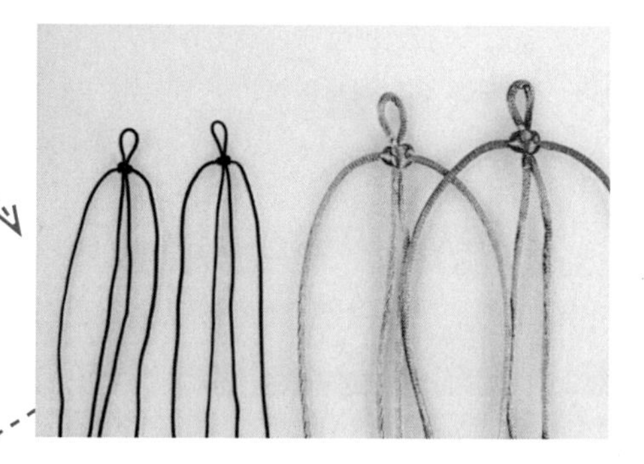

③ 中间的四根线重新形成一组，编一个平结。

④ 再重新分组，左右四根各编一个平结。

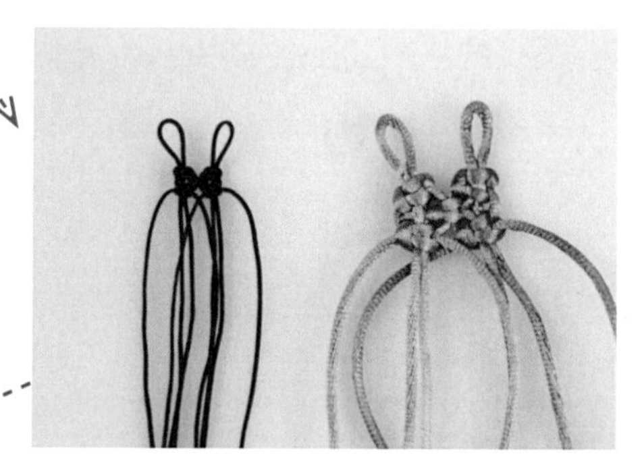

⑤ 中间四根再编一个平结。这样交替编平结，重复下去。

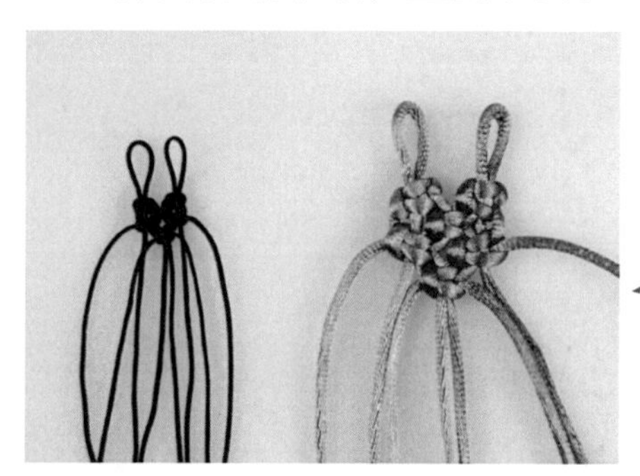

⑥ 借助书写板继续编。编到一定长度，就要跟脖子周长比对，一般编到比脖子的周长长 2 厘米比较合适。

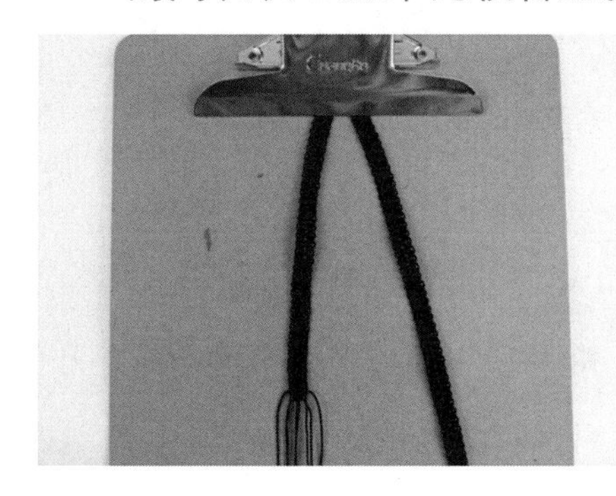

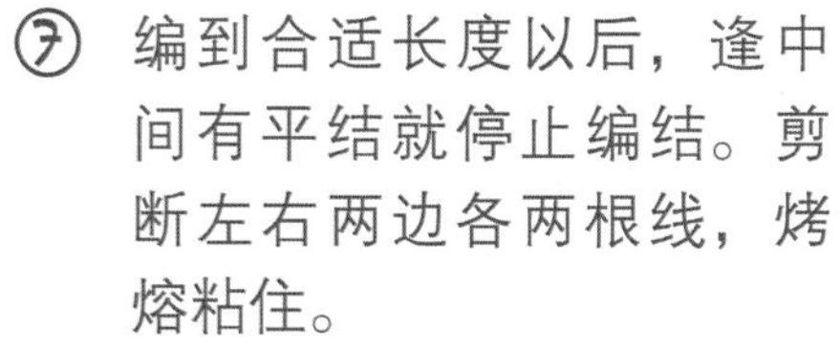

⑦ 编到合适长度以后，逢中间有平结就停止编结。剪断左右两边各两根线，烤熔粘住。

⑧ 中间两根线穿珠，松一松最后一个平结。

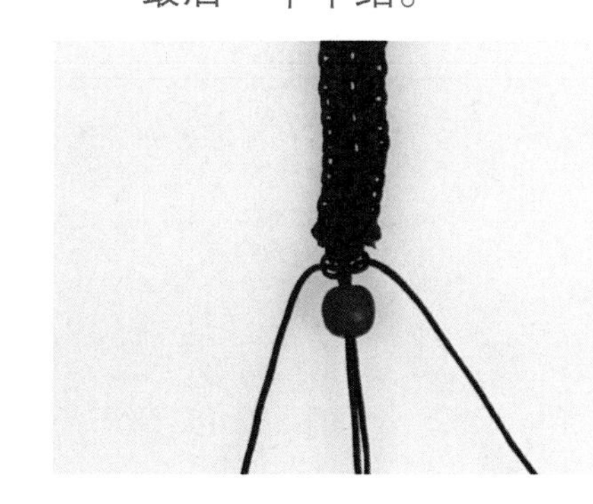

⑨ 将穿过珠子的线折回平结中，拉紧刚才弄松的平结。

⑩ 剪断穿过珠子的线尾和平结线尾，烤熔粘住。

16 红豆手链
——千里寄相思

唐代著名诗人王维有一首千古绝唱："红豆生南国，春来发几枝？愿君多采撷，此物最相思。"中国人比较含蓄，喜欢借物传情，比如香囊、手帕、红豆、红叶、方胜、金钗……红豆手链既美观实用，又可以承载这种情感寄托。

材料

黑色72号玉线四根，其中两根1米长，一根80厘米长，一根40厘米长；五颗红珠（孔径2.5毫米左右）。

工具

剪刀、软尺、打火机、蝴蝶夹书写板。

扫码看视频

红豆手链由雀头结和平结组成。

① 三根黑色玉线一起打一个结，上端空出 15 厘米。

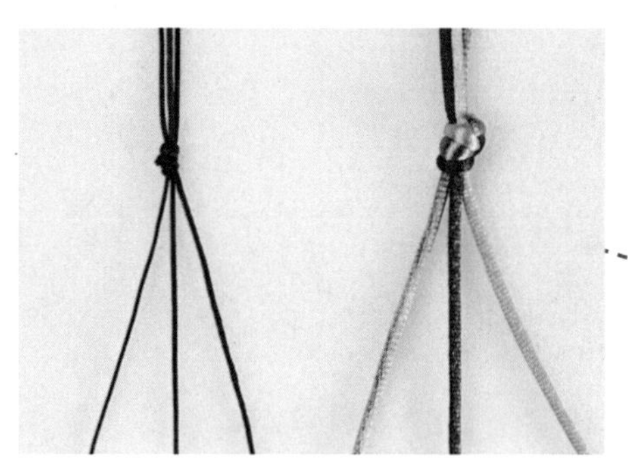

② 稍短的线做轴线，其他作为编线。右线围绕轴线编雀头结。编线从右向左，压轴线，再从轴线下面向右上方穿回。注意：是从编线和轴线中间穿回去。

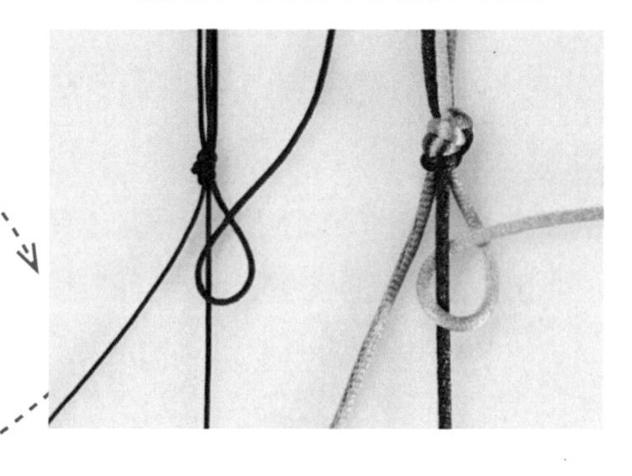

③ 拉紧，半个雀头结就编好了。

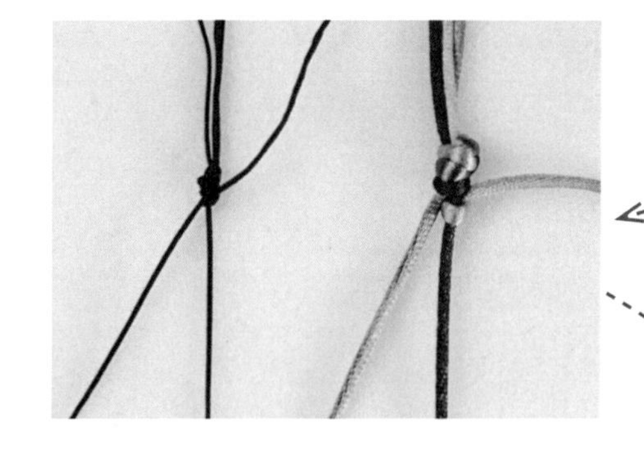

④ 继续编后半个雀头结，编法跟前半个不一样。编线这次从轴线下方穿到左边，再向右上方穿回。注意：还是从编线和轴线中间穿回去。

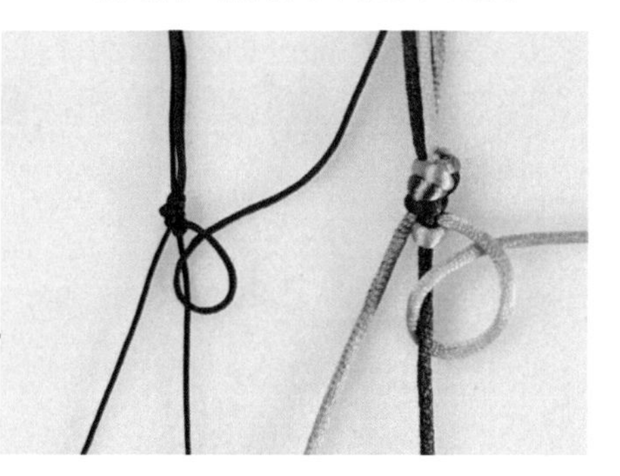

⑤ 拉紧，一个雀头结就编好了。

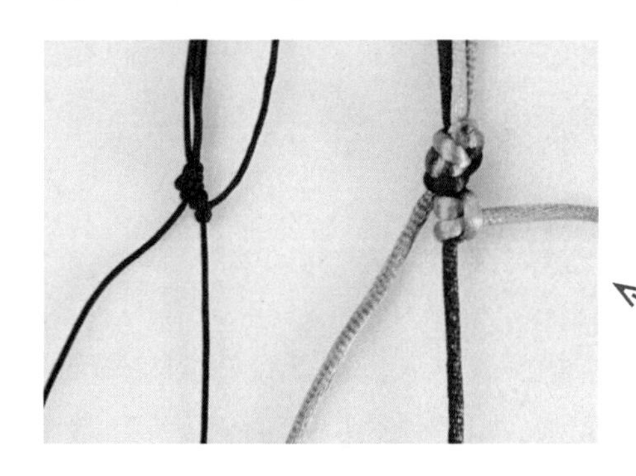

⑥ 借助书写板固定，重复编八个雀头结，弯成月牙状。

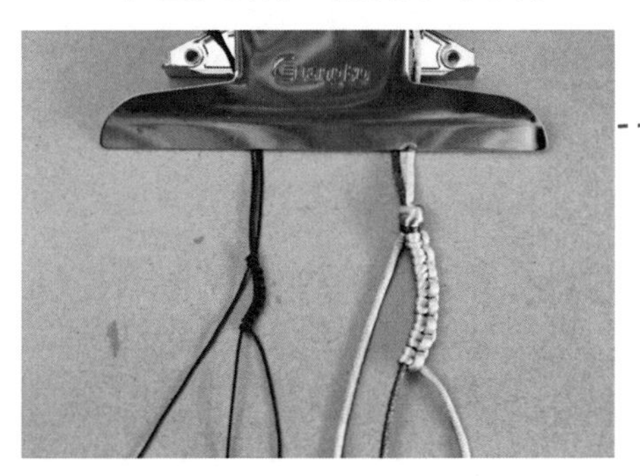

⑦ 在雀头结对侧穿珠。

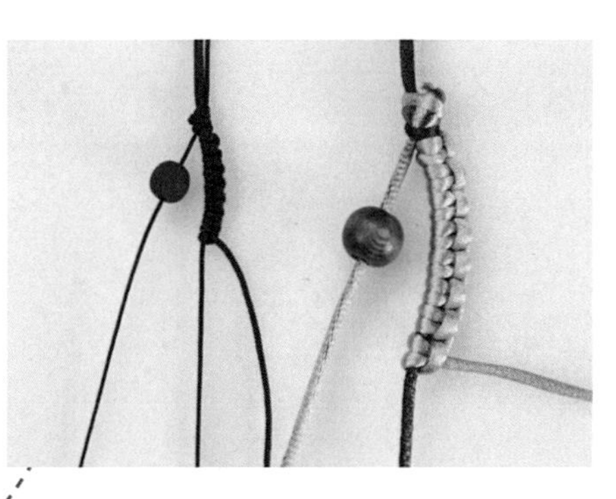

⑧ 左侧编线围绕轴线编八个雀头结。

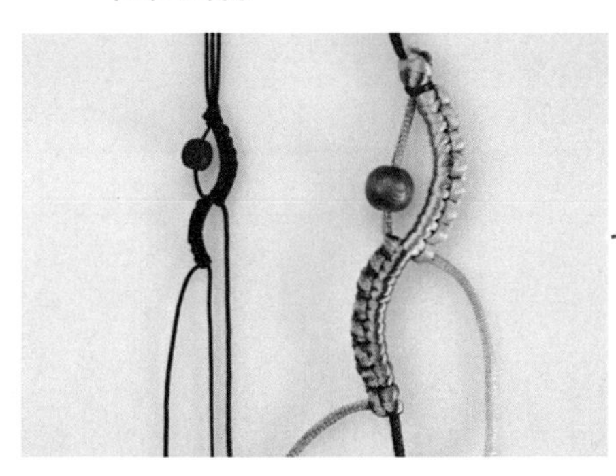

⑨ 重复以上编法，编五组雀头结，穿五个红豆珠。在最后的开口位置，穿珠的线围绕轴线编一个雀头结封口。

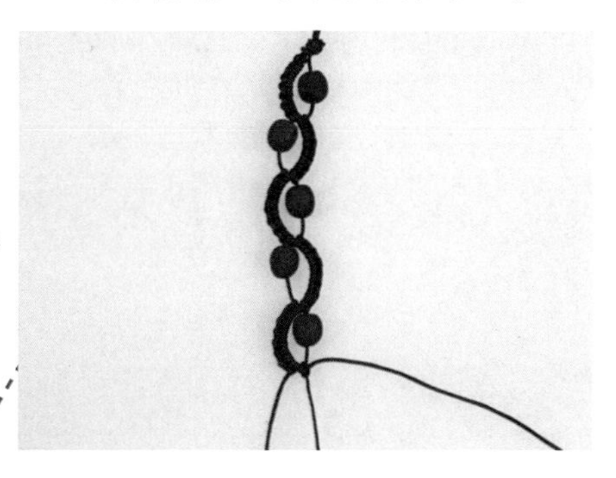

⑩ 打开上部刚开始编手链时打的结。

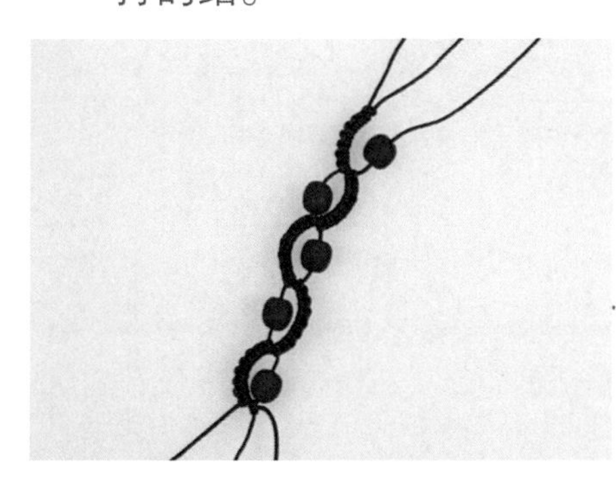

⑪ 穿珠的线围绕轴线编一个雀头结封口。

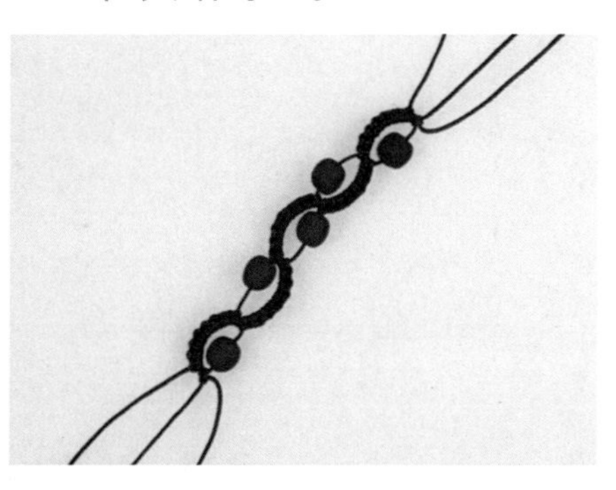

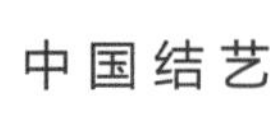

⑫ 两端两条编线围轴线各做三个金刚结。

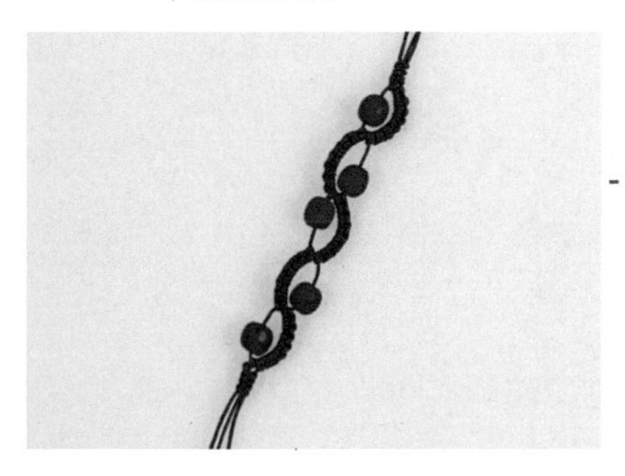

⑬ 线尾交叉，另取一条 40 厘米长的线，围绕交叉线尾编一段双向平结。

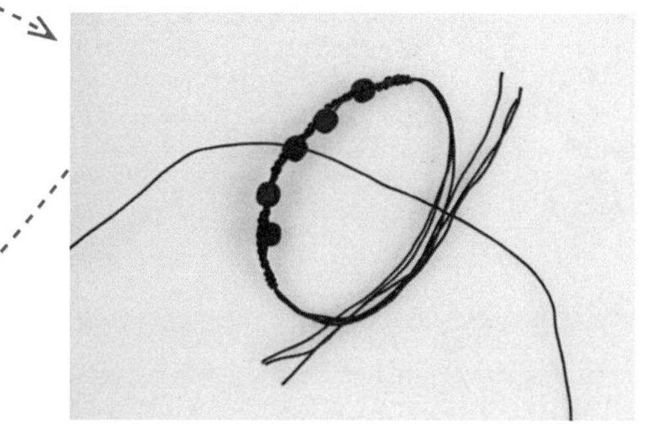

⑭ 剪断线尾，烤熔粘住。

⑮ 线尾留出一段，保证长度能戴上手腕即可，两端各打一个结，剪断线尾，烤熔粘住。

17 桃花手链
——招桃花

经历过漫长的冬天，三月春风一吹，桃花就开了，灰暗的冬天终于过去，充满活力的春天来了。《诗经》有：“桃之夭夭，灼灼其华。之子于归，宜其室家。”用桃花作为起兴，赞美新婚的美丽女子，寓意生活就像冬天过去桃花开放一样充满希望。两千多年以后的现代社会，桃花的文化意象依然丰富，单身人士急着“脱单”一定要“招桃花”。

材料

绿色72号玉线五根，其中80厘米四根，40厘米一根；粉色72号玉线两根，每根90厘米。

工具

剪刀、软尺、打火机、蝴蝶夹书写板。

扫码看视频

① 绿线四根，两根一组，在约 30 厘米的位置打一个双联结。桃花要在手链的中间，我们从桃花开始编，所以绿线要空出很长的一段。每张图的右边用 5 号线演示编法。

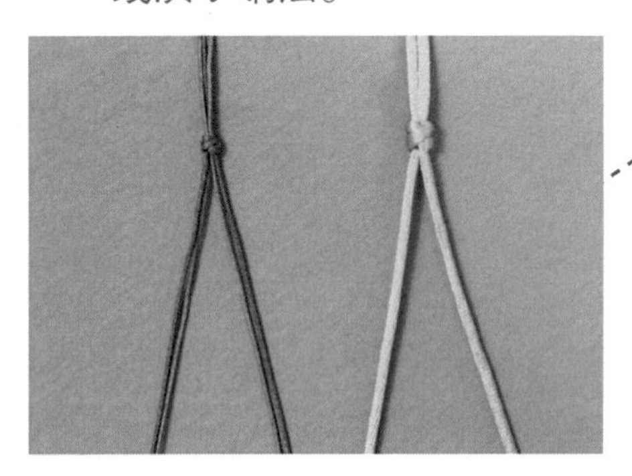

② 绿线线尾交叉。

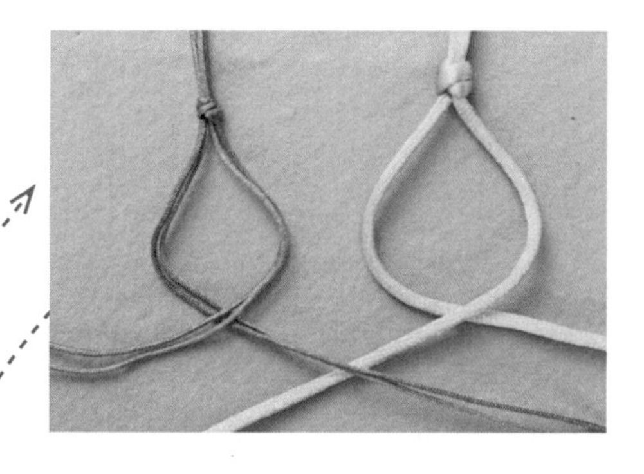

③ 粉色线两根线并列使用，将粉色线中间点放在双联结处，两线脚摆到绿线后面。

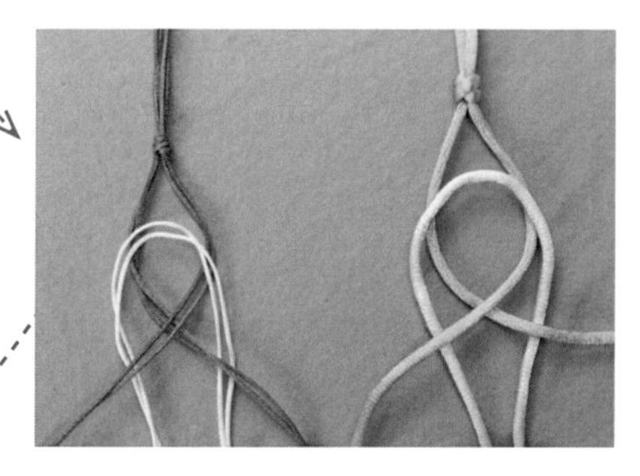

④ 抬起粉色线线尾，放进圈里，位置如下图所示。

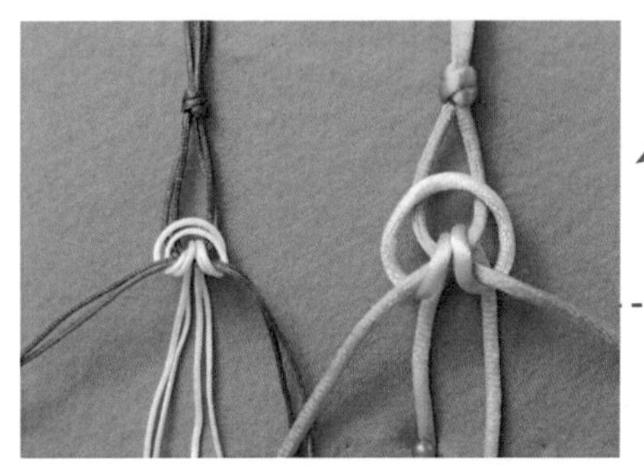

⑤ 拉紧。实际上这是以绿线交叉部分为轴编了一个雀头结。这是桃花的上瓣。

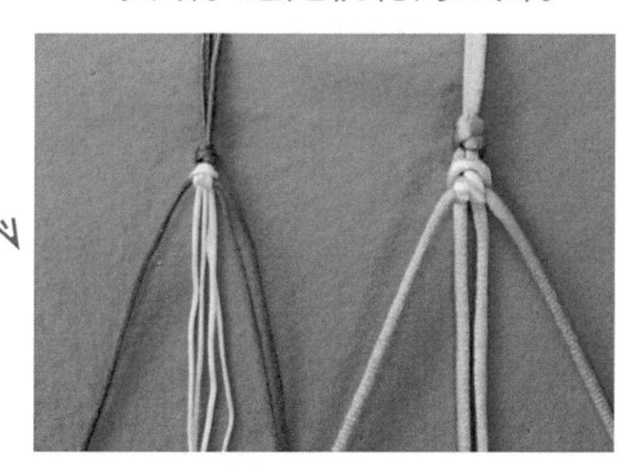

⑥ 编右瓣。粉色线绕绿色线编一个雀头结。

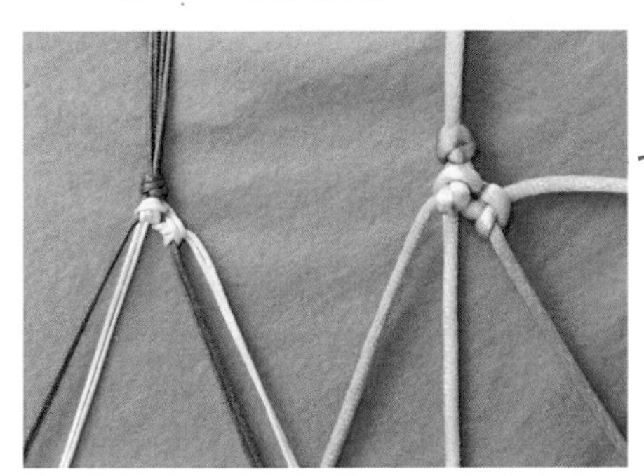

⑦ 再编左瓣。

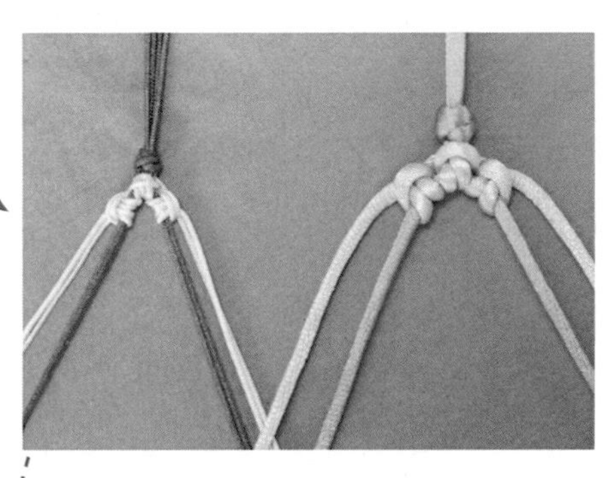

⑧ 现在做下瓣。绿色轴线交叉，粉色线放在绿线后边。拿起两线尾穿圈，注意穿的位置，这次是穿两边的圈，跟上瓣不一样。注意：只有第一朵桃花的上瓣是穿中间，其余都是穿两边。

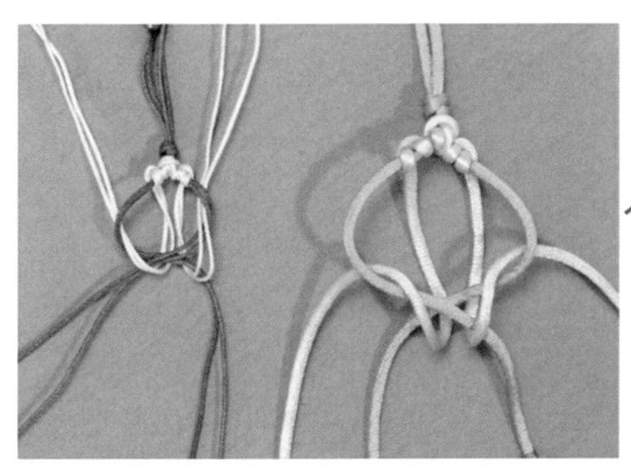

⑨ 再次交叉，现在做的是第二个桃花的上瓣。一定要注意，不要忘记做这个上瓣。

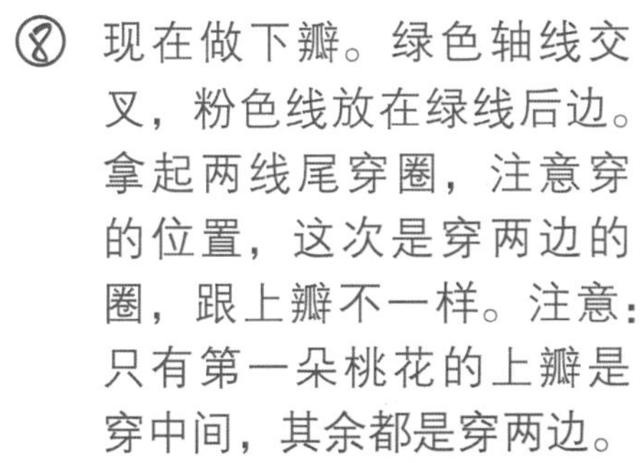

⑩ 重复编结。

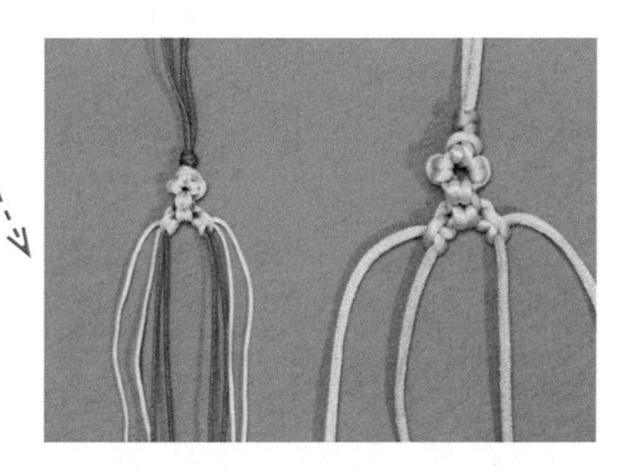

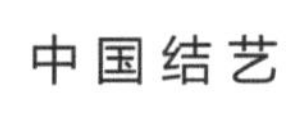

⑪ 做七八个桃花。可以借助蝴蝶夹书写板帮助固定。

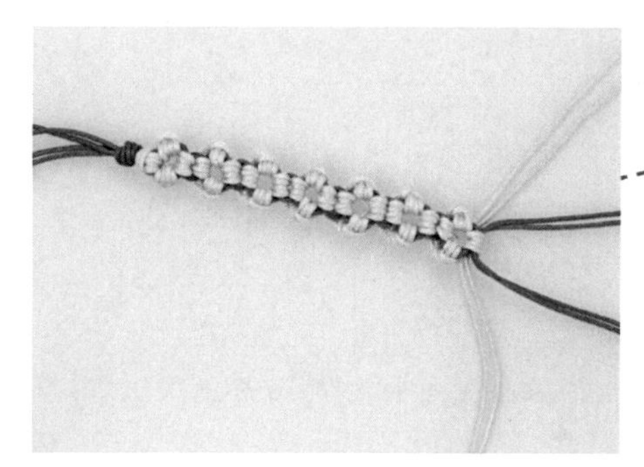

⑫ 剪断粉色线，烤熔粘住。绿色线打双联结。

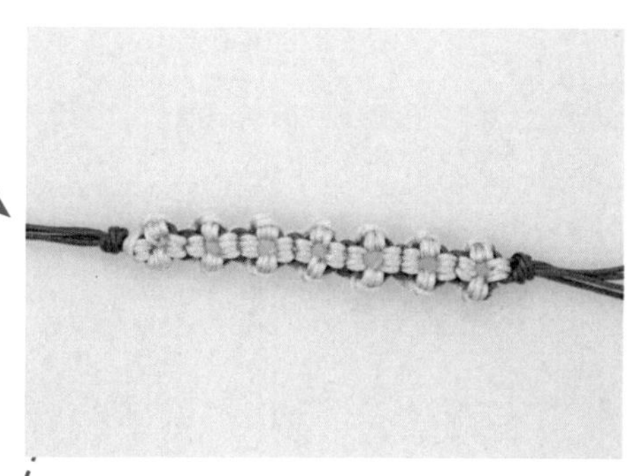

⑬ 左右各四条绿线，以两条为轴，剩下两条编双向平结。两边都编。比照手腕，不要编得跟手腕一样长，要留出做伸缩扣的部分。

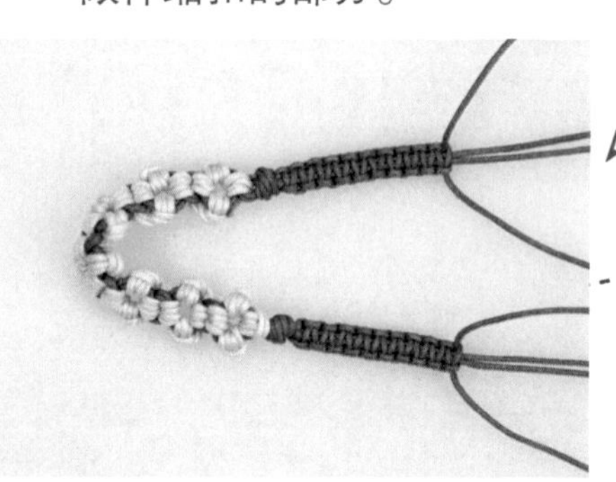

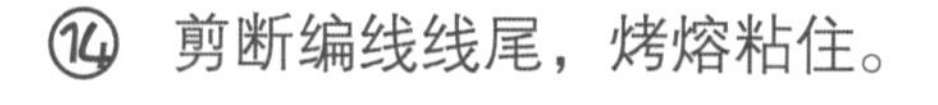
⑭ 剪断编线线尾，烤熔粘住。

⑮ 线尾交叉，另取一条40厘米长绿线，围绕交叉线尾编一段双向平结，剪断线尾，烤熔粘住。此时可以再编一个桃花手链，两根手链编到一起，这样看起来不像单条那样单调。

⑯ 线尾留出一段，保证长度能戴上手腕即可，打一个结，剪断线尾，烤熔粘住。

18 喜字

——结婚典礼必备

双喜挂饰曾经出现在清朝光绪皇帝大婚典礼上，坠在一柄金如意的下面。在故宫寿康宫还可以见到清代喜字结实物。红双喜由两个喜字组成，中国人喜欢“好事成双”，认为双数比单数吉利，一般送礼物，也要送一对。双喜字之中还有一对“吉”字，真是万千之妙。将这个字编成中国结，作为给朋友的新婚礼物再合适不过了。

材料

红色5号线1.5米、2米、3.5米各一根，四个塑料圆圈（直径2厘米），两颗珠子（孔径4毫米左右），两个穗子。

工具

海绵垫、珠针、剪刀、软尺、镊子、打火机、定型胶。

扫码看视频

① 取3.5米长红色5号线，在距离对折处7—8厘米的位置打双联结。固定双联结，左线做四个短“V”，右线做四个短“V”。

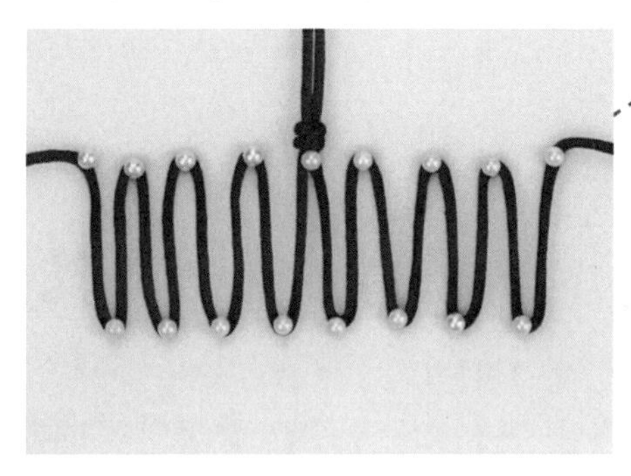

② 右线做挑1压1。左线做“全上全下”。

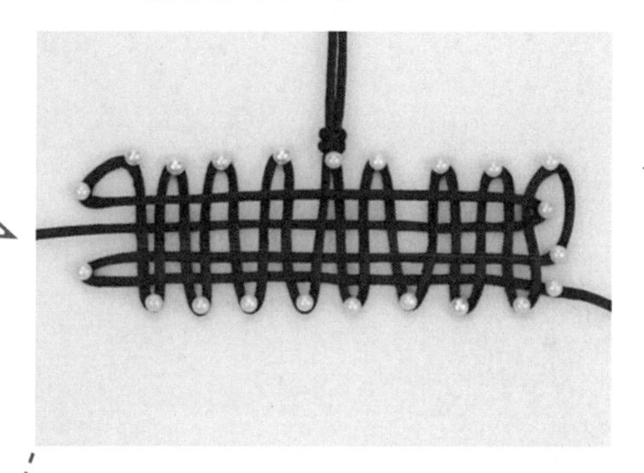

③ 右线向上做挑1，返回做挑2压1挑1，做两次。左线同样走线，做一次。由于左线和右线穿插走线，实际上并不对称，所以出线位置要选得尽量合适。此时左线做挑压应该做一次（两列），才能与右侧实现视觉对称。

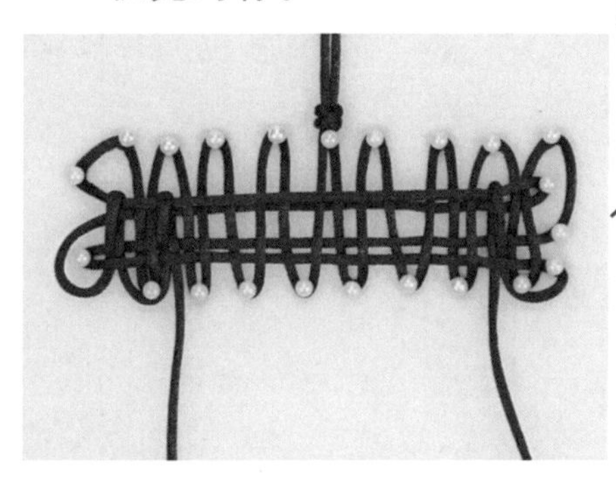

④ 取2米长红色5号线，做挑压，注意排线次序，这一步用黄色线演示。

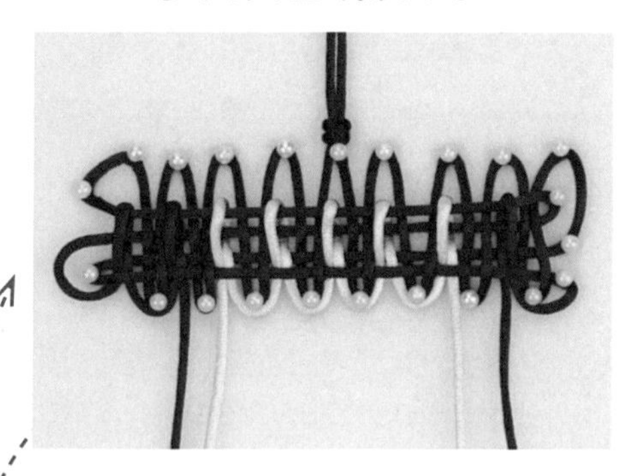

⑤ 调线，两侧各编一个双联结。

⑥ 左右两侧各做一个小长方形盘长结。注意做“V”的时候，是左右线各做一个短“V”。

⑦ 右线做挑压，左线做“全上全下”。

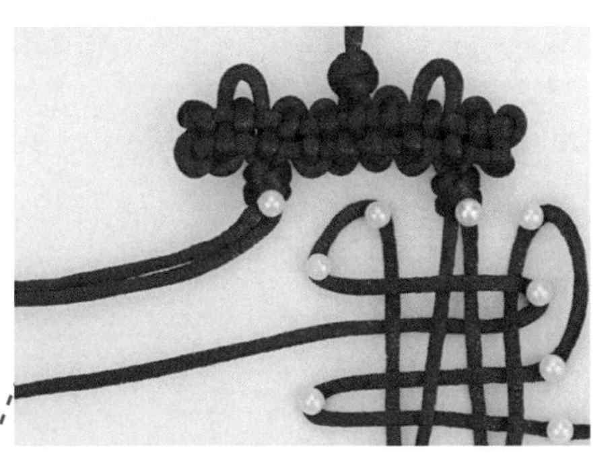

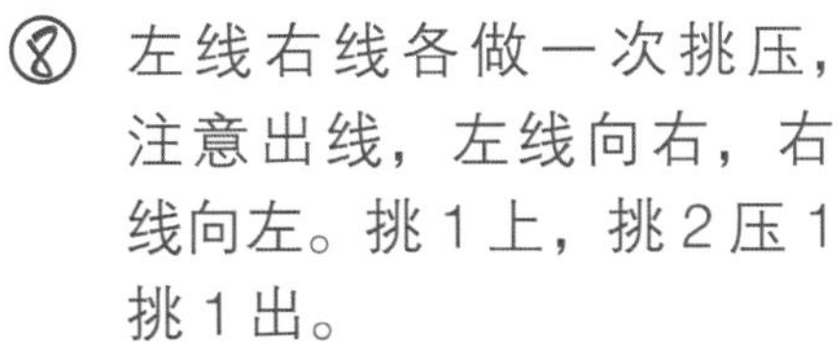

⑧ 左线右线各做一次挑压，注意出线，左线向右，右线向左。挑 1 上，挑 2 压 1 挑 1 出。

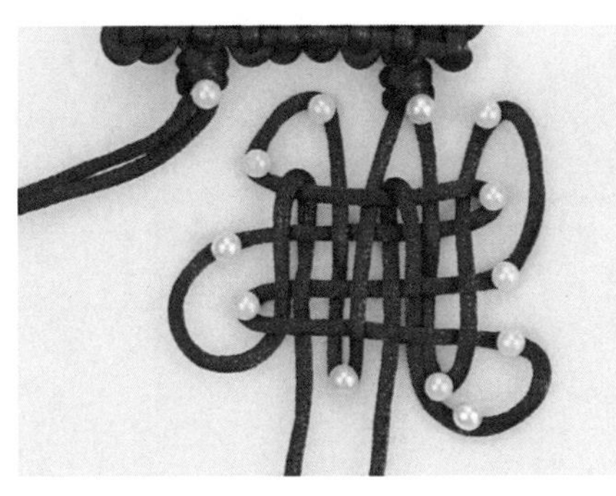

⑨ 左边也做一个盘长结，调线整理好，不打双联结。

⑩ 盘长结下方用右线围绕塑料圈做雀头结，塑料圈相当于雀头结的轴线。

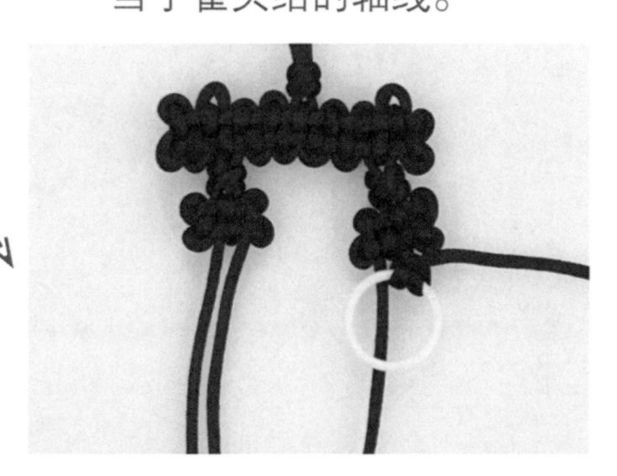

⑪ 右线编五个雀头结，用左线再编五个雀头结。

⑫ 两边都编好。

⑬ 编中部最长的长方形中国结。注意对称，左边圆环下的两条线，左线排三个“V”，右线排两个“V”；右边圆环下的两条线，左线排两个“V”，右边排三个“V”。

⑭ 右线向左，做挑1压1，左线向右做“全上全下”。

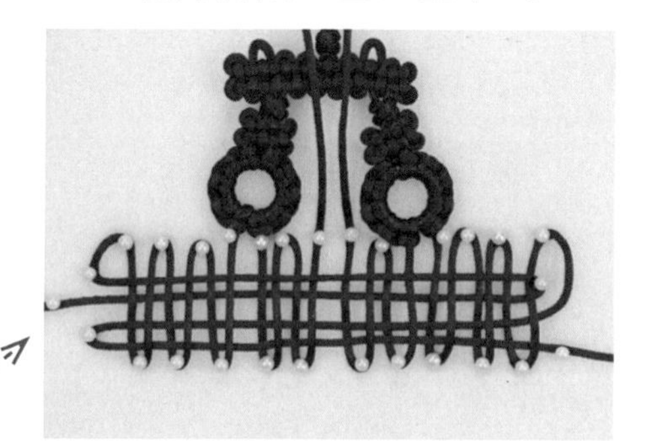

⑮ 做挑 1、返回挑 2 压 1 挑 1 时注意，左圈左线做三次，右圈右线做两次，中间加一根 1.5 米长的线，做五列挑压。

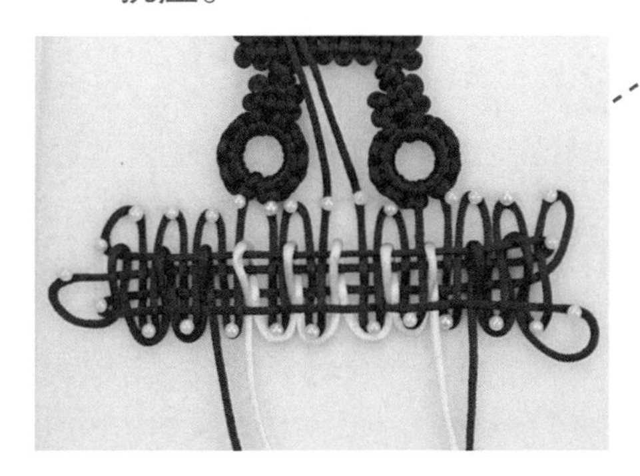

⑯ 拉紧整理好。剪断朝上的两段线尾，烤熔粘好。

⑰ 再编两圈雀头结，然后编双联结，再穿珠子、穗子。

⑱ 用三段不同颜色的线来演示一下三段红线的走线位置。

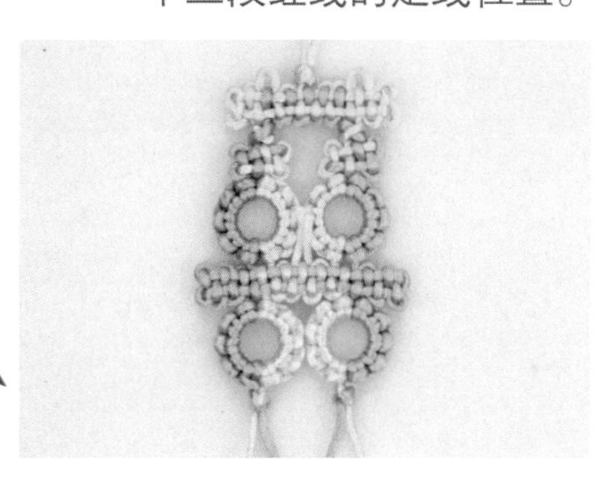

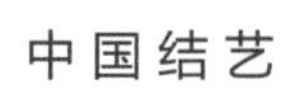

⑲ 编好以后，可以适当涂一些定型胶，穗子缠线的位置一定要涂。

19 法轮结

——佛家八宝之一

八耳团锦结因为形状酷似轮辐，耳翼饱满，花团锦簇，端庄大气，成为法轮结的“中坚力量”。结心粘入珠宝玉石，更显华贵。团锦结耳翼的数量可以根据需要确定，有五耳、六耳、八耳、十耳，甚至十二耳。团锦结像一朵小花，造型饱满，有对称美。寓意团圆美满、前程似锦，适合送给祈愿工作学习有成就、家庭幸福美满的人群。

材料

黄色5号线六根，其中2.5米一根，80厘米一根，60厘米四根；红色、蓝色、绿色、白色5号线各一根，每根60厘米；一个穗子，两颗珠子（大的要能穿过两根5号线），一个塑料圈（外径6.5厘米，内径5.5厘米）。

工具

海绵垫、珠针、镊子、剪刀、软尺、打火机、定型胶。

扫码看视频

法轮结挂饰比较复杂，由双联结、盘长结、酢浆草结、雀头结、八耳团锦结组成。

① 取 2.5 米线对折，编双联结固定在距对折处 7—8 厘米的位置，编六道盘长结，打双联结，再编一个酢浆草结。

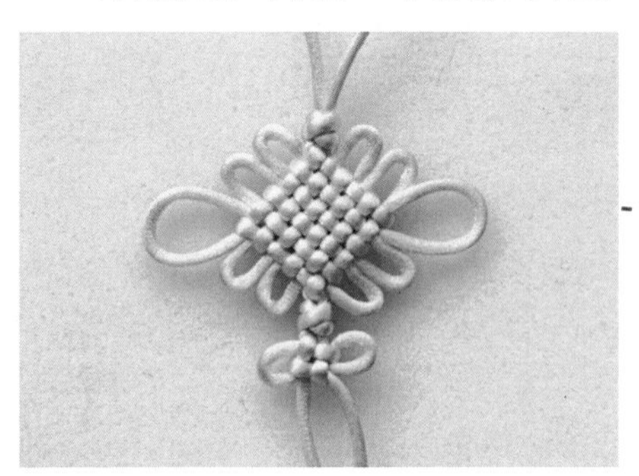

② 用 80 厘米长的黄线编中间八耳团锦结。这个结徒手编比较方便，为了使大家看得更清楚，我们借助海绵垫来演示。

a. 左手捏 1 圈。

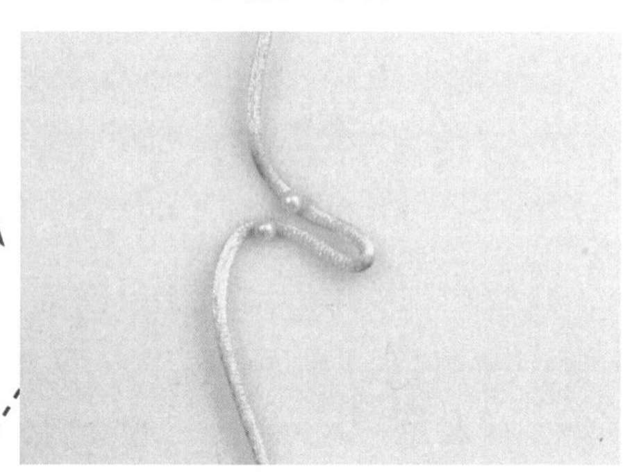

b. 右手捏 2 圈。2 圈放进 1 圈。

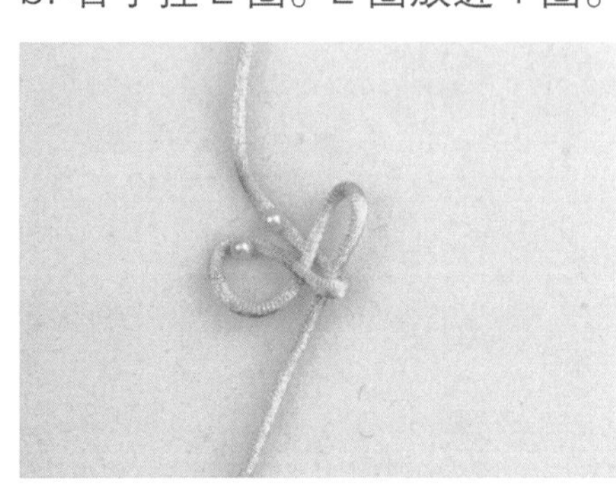

c. 捏 3 圈，放进 1 圈和 2 圈中，注意这一步及以后各步都是要穿两圈。为了演示得更清楚，线尾接了一段绿色线来演示。

d. 捏 4 圈，放进 2 圈和 3 圈，调整 2 圈的线，收紧 2 圈。

e. 捏 5 圈，放进 3 圈和 4 圈中，收 3 圈。

f. 第 6 圈用单线穿，单线穿入 4 圈和 5 圈中，绕过 1 圈的两根柱，再从 4 圈和 5 圈穿出。

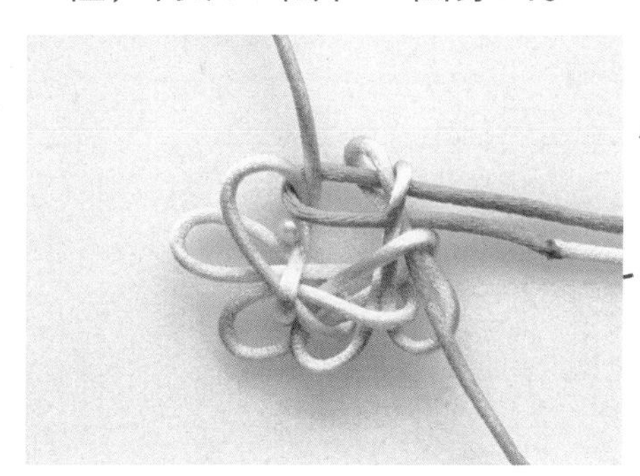

g. 第 7 圈也用单线穿，7 线穿过第 5 圈和第 6 圈，包住第 1 圈和第 2 圈的 4 根柱，再从第 6 圈和第 7 圈返回。

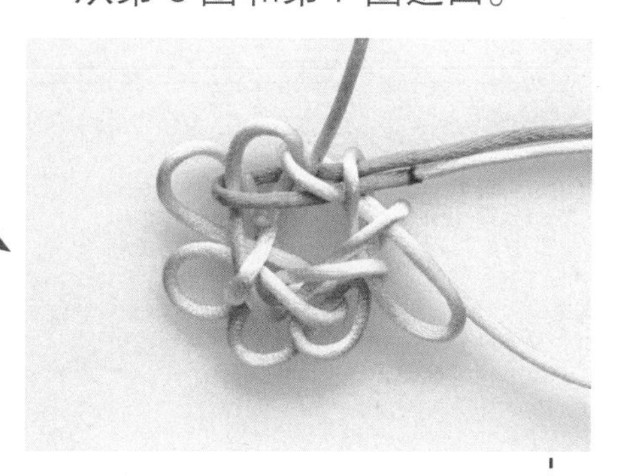

③ 取 60 厘米长黄线两根，蓝线、绿线、红线、白线各一根，在中间部分编酢浆草结备用。

④ 围绕塑料圈编雀头结。编前半个雀头结时，将团锦结最上面的一个耳翼套进去。

⑤ 右线编好两个雀头结。

⑥ 左线编两个雀头结，编前半个雀头结时，再次将团锦结最上面的一个耳翼套进去。

⑦ 用编好酢浆草结的六段线分别编雀头结，左边两个，右边两个，颜色分布如下图。注意把团锦结的耳翼包进去。

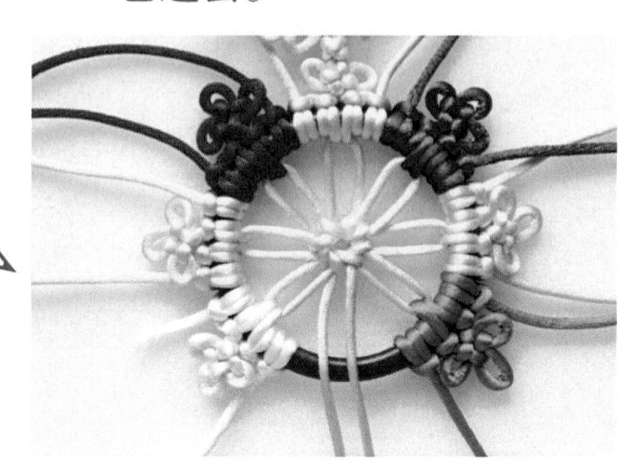

⑧ 把不同颜色接头剪断，烤熔粘住。修剪接头，使接头尽量不要太明显。剪断团锦结最下面的线尾，烤熔粘好。

⑨ 取 60 厘米长黄线两根，平行拿在手上，在距离顶端 15 厘米的位置编双联结，再编一个酢浆草结。

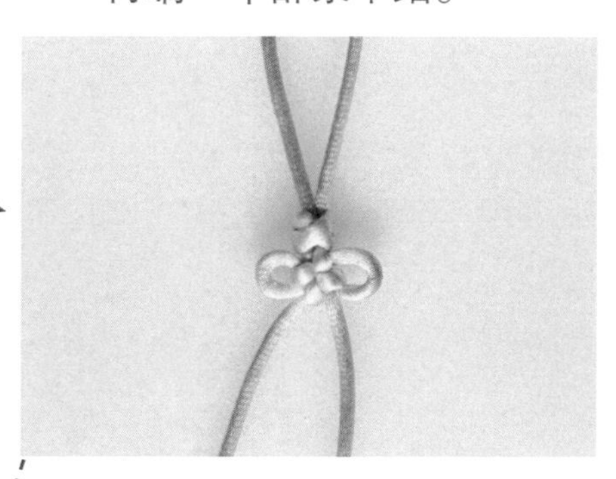

⑩ 把刚才编好的主结体倒过来，用刚才酢浆草结的长线尾编四个雀头结。

⑪ 剪断粘好，再穿珠、打双联结、穿穗子。最后涂定型胶，酢浆草结、团锦结尤其需要一边调整一边涂胶。

20 小粽子
——端午快乐

粽子是中华民族的传统节庆食物，每年农历五月初五端午节，人们都要吃粽子、赛龙舟。粽子可以说是中国历史文化积淀最深厚的传统食品之一。节日里除了自家食用外，粽子还可做小礼物，分送给亲朋好友，寄托人们的美好祝愿。亲手编一个小粽子中国结，放入香草，节日里送给好友也是非常应景的。

材料

30厘米长的5号线9根，90厘米长的5号线9根；一根30厘米长的缎带。

工具

镊子、剪刀、软尺、打火机、定型胶、蝴蝶夹书写板。

扫码看视频

小粽子由斜卷结不断重复累积编成。与之前我们所学的平面结型不同，斜卷结能编立体结型。

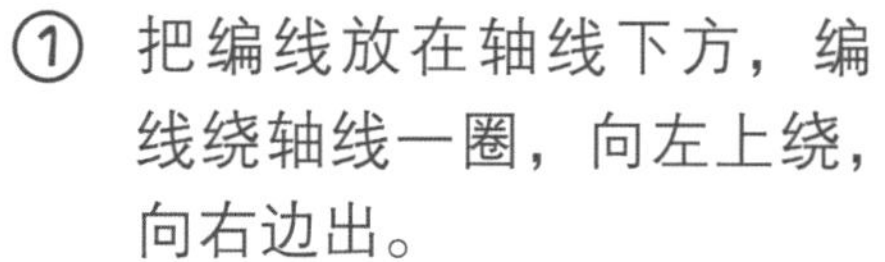

① 把编线放在轴线下方，编线绕轴线一圈，向左上绕，向右边出。

② 拉到左下压轴线，再挑轴线，向右上从轴线和编线中间出。

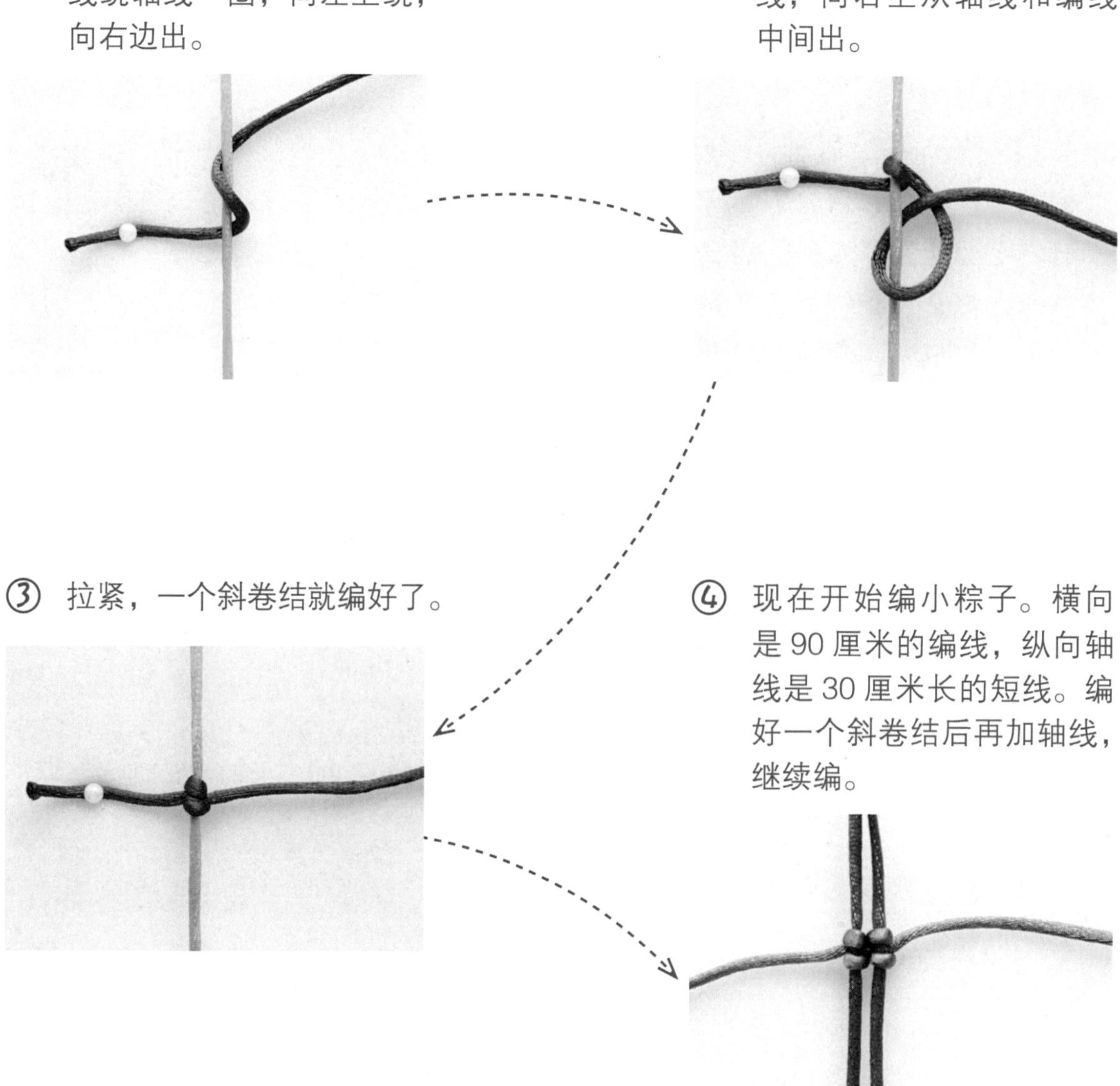

③ 拉紧，一个斜卷结就编好了。

④ 现在开始编小粽子。横向是90厘米的编线，纵向轴线是30厘米长的短线。编好一个斜卷结后再加轴线，继续编。

⑤ 加编线，重复刚才的斜卷结编法，继续编。此时可以借助蝴蝶夹书写板固定轴线。

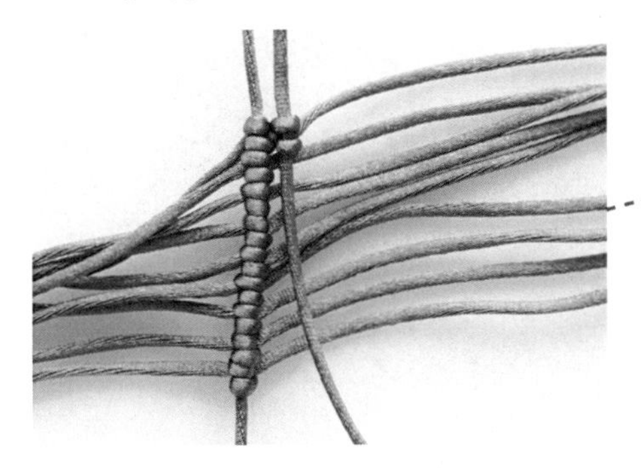

⑥ 加编线，将九行编满。以九条短线为纵轴，九条长线为横向编线，逐一编好九九八十一个斜卷结。

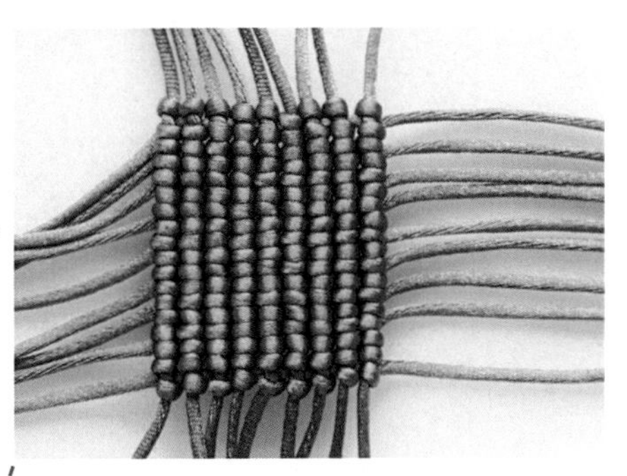

⑦ 轴线是活的，使劲拉可以移动，这一步要将轴线拉到合适的位置，上方的轴线要继续用，大概留 18 厘米左右，下方留 5 厘米左右即可。

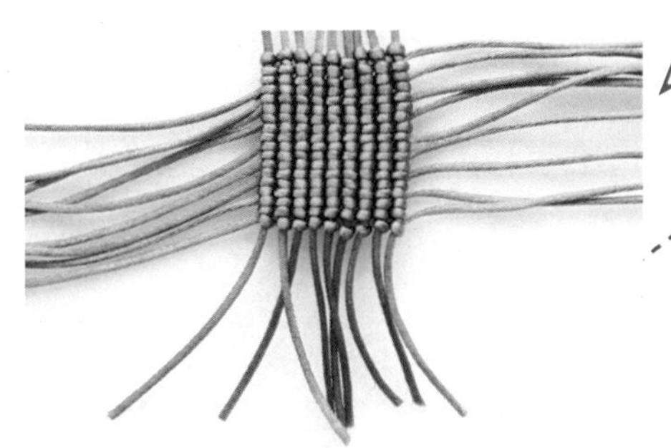

⑧ 最右边的上方轴线向右下弯。

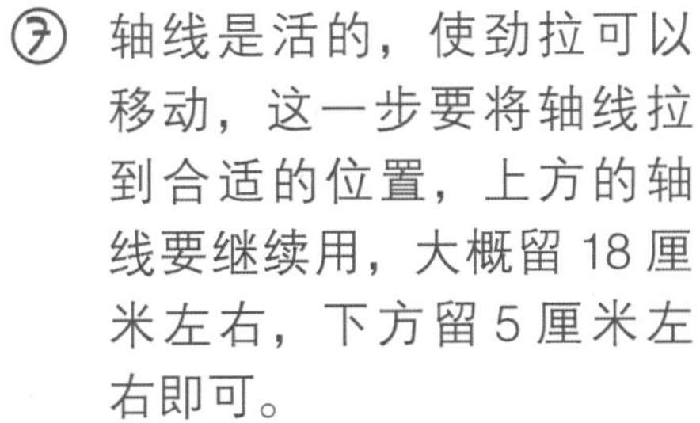

⑨ 编线依次编斜卷结。

⑩ 编线依次围绕弯下来的轴线编斜卷结，共编八十一个。

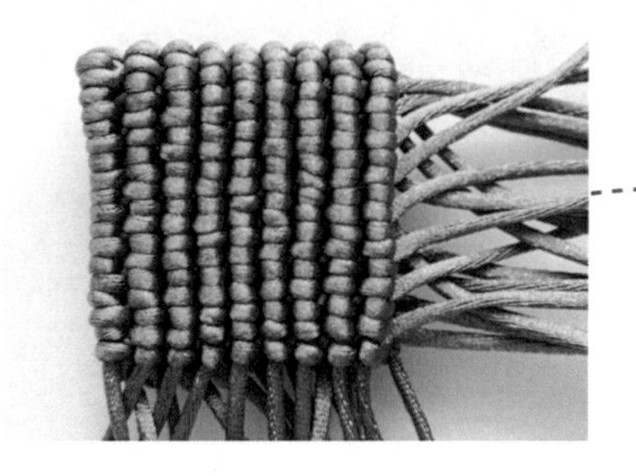

⑪ 编好以后，还剩右侧和下方是开口的，先封右侧口，右侧口共有九对线。

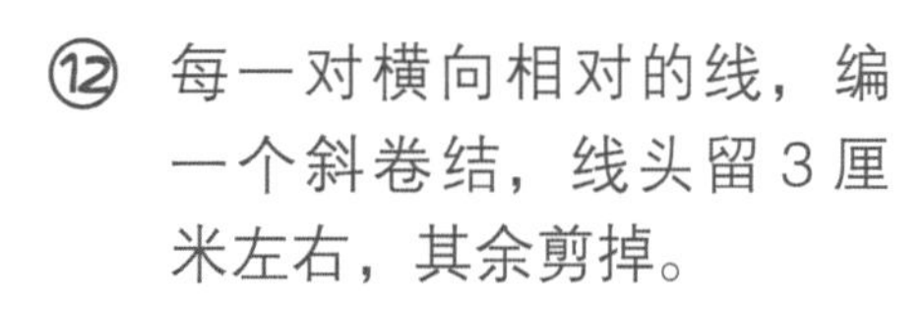

⑫ 每一对横向相对的线，编一个斜卷结，线头留 3 厘米左右，其余剪掉。

⑬ 把线头压进结体里头。

⑭ 继续取下一对，编一个斜卷结，依此类推，编完九对。

⑮ 编好以后，横向压扁，再封九对线。快要封完的时候，把剪下来的短线头塞进结体一些，将结体填充丰盈，最后把剩下的也封好，用镊子将线头塞进结体。

⑯ 取缎带，在粽子腰上打蝴蝶结。

⑰ 斜着剪断缎带，用火苗烤一下，注意不要烧黑。

21 小玉米

——怀念田园生活

很多人虽然现在生活在城市中，但是年轻时或多或少曾有过乡村生活的经历。一个给人无尽遐想的玉米，能瞬间把你从钢筋水泥、电脑手机的生活中拉回乡下：那条你常常跑来跑去的小路，那个你玩过水的井沿，那只追过你的大白鹅……

绳编的小玉米，惟妙惟肖，十分可爱，象征五谷丰登、年年有余、硕果累累、功成名就，挂在包上或者送给朋友都是不错的选择。

材料

三根1.1米长的黄色5号线；五根略微偏黄的白色5号线，其中四根25厘米，一根40厘米。

工具

剪刀、软尺、打火机。

扫码看视频

小玉米由双联结和斜卷结组成。

① 取40厘米长白色线，对折编双联结，将双联结固定在距离对折处7—8厘米的位置上。

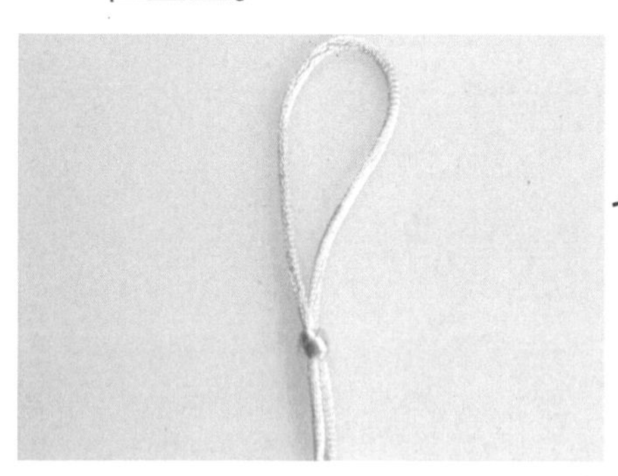

② 将四根25厘米长的白色5号线按图中所示穿好。穿法见第20页。

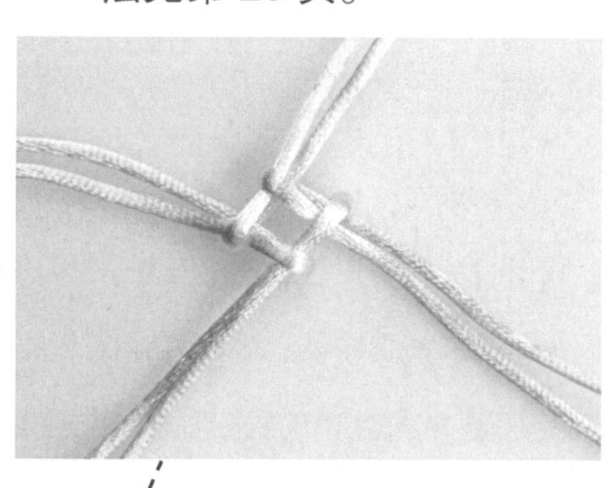

③ 将带有双联结的那段线的线尾穿进井字孔，拉紧。此时双联结下方共有十条线。

④ 从任意线开始，依次以这十条线为轴，用黄色线编斜卷结。

⑤ 图为编完一圈斜卷结后的样子。每编好一个结都要拉紧线，结与结之间不能留多余的线，当一根黄线用尽，需要在线尾接线继续编，注意将接头藏进结体中。用打火机烤熔线尾即可接线。

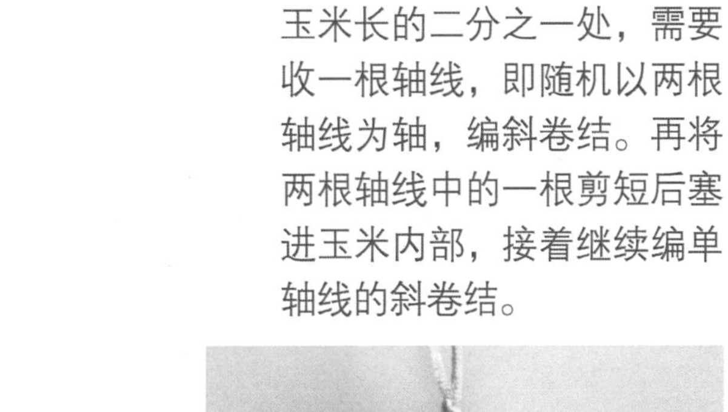

⑥ 编到第八圈左右，即差不多玉米长的二分之一处，需要收一根轴线，即随机以两根轴线为轴，编斜卷结。再将两根轴线中的一根剪短后塞进玉米内部，接着继续编单轴线的斜卷结。

⑦ 编到第十圈左右，再收一根轴线。

⑧ 一共编十二圈左右，总长差不多合适。

⑨ 将斜卷结线尾剪断，烤熔粘好。

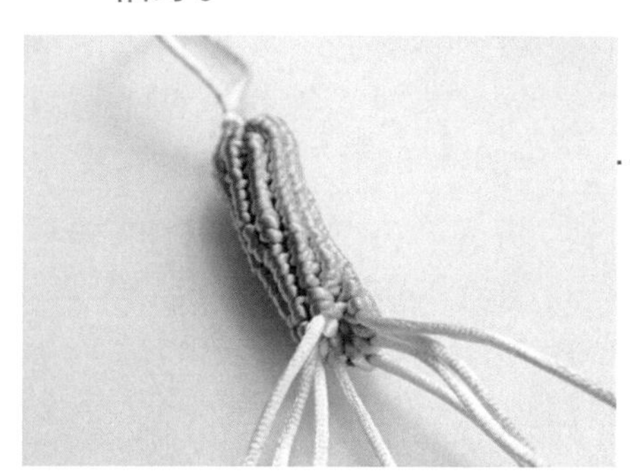

⑩ 八根轴线两根一组，编十字结，拉紧。

⑪ 剪断线尾。

⑫ 烤熔粘好。

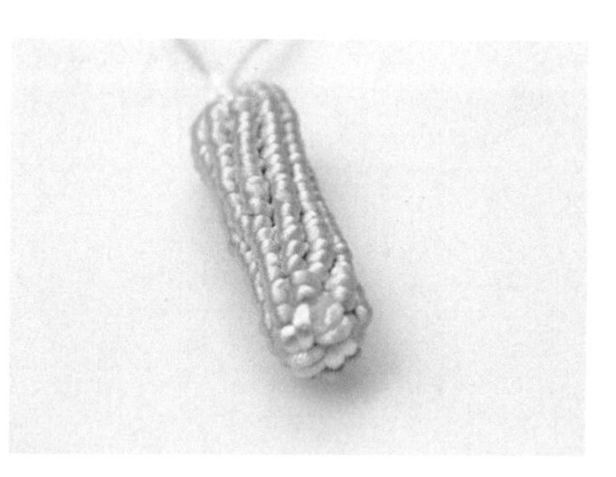

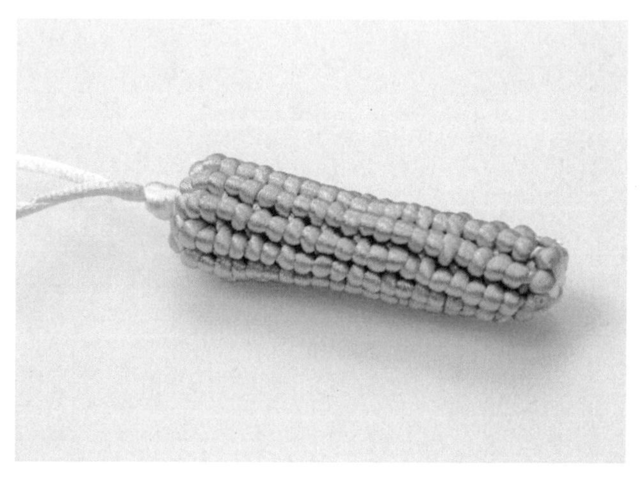

后　记

我是一名对外汉语教师，专业是汉语言文字学，编中国结是个小爱好。

人生中第一次见到中国结是2001年，当时刚上大学，看到有个同学不借助任何工具，徒手编出了一个盘长结，特别惊讶，为她娴熟的技巧，也为结型的美观。当时觉得能编出这种东西的人，一定不是凡人。因此大学四年里缠着她教我无数次，可惜都没学会，最终毕业后各奔天涯。

再后来，我进入北京语言大学教对外汉语。到了2010年，学院想培养老师教中国结，先找了一位老师来教我们编盘长结，因为我有十年前的底子，竟然迅速学会了。老师教完一个结就走了，我却一发不可收拾，在网络资源的帮助下，学得越来越多，十年前埋下的种子，终于长成了大树。

明代散文家张岱有一句名言："人无癖不可与交，以其无深情也；人无疵不可与交，以其无真气也。"北京语言大学前校长崔希亮老师曾引用这句话来鼓励新生拓宽视野，发现爱好，并深入学习。崔老师本人爱好书法，造诣颇深，是我们的榜样。人生漫长，总会遇到一些让你爱不释手的美好事物，能真正地激发兴趣；而钻研这种事物的每一步带来的小小成就又能迅速地填满内心，使人获得满足感，简单又治愈。我对中国结便是如此，一见倾心，越编越喜欢，到后来发现"情不知所起，一往而深"，拿起手中绳，便能忘却人间事。有爱好的人，都是情种。

先要喜欢，才能刻苦。编中国结需要极强的耐心，中国结内行都知道"三分结，七分整"，就是说三成靠编结的方法，七成靠整理的耐心，编只占一小部分，更重要的是调整。结型最终呈现出的效果是细腻还是粗糙，一看整理是否用心，二看编者对于美的感受。编结要内心安定，专注于结才能有好的作品。

众生皆苦，每个人都不容易。人们从工作和生活中往往很难获得阶段性的成就，缺乏鼓励和惊喜。编出一个漂亮的中国结，获得大家的称赞，能让你迅速从坏情绪中走出来，所以遇到不开心的事，不妨玩一玩中国结。编出满意的，还可以作为礼物送给你敬佩或者喜欢的人。不同的结型有不同的意义，适合不同的人群，有不同的用途，可以根据需求选择最合适的作为礼物。

在中国经济和科技飞速发展的今天，更多的外国人将目光投向中国，我们的语言和文化也令外国人十分感兴趣。中国结以它精致、美观、易学、实用等优点，理所当然地成为最受外国人欢迎的文化产品之一。大家都喜欢美的事物，中国结必然获得人们的青睐，它所承载的文化内涵恰好可以作为外国人深入了解中国文化的切入点。

这本书是我中国结艺课教学内容的精华，希望大家跟着这本书能真正学会这个小技能，让中国结发挥更大的作用，成为沟通中外友谊的桥梁。感谢北语社各位编辑老师，有了各位的支持，才有今天这本书。感谢书法家、北京语言大学艺术学院朱天曙教授题“中国结艺”和“千千结”给我，使这本书的封面充满了艺术美感。感谢我一批又一批的学生，在我们共同学习的过程中，大家互相帮助，认真学习，使课堂教学取得了良好的效果。尤其是徐嘉禾和谢思宇同学还帮我设计了中国结的标志，章媛同学又帮我把标志刻成了橡皮章，还有北京林业大学的戚铭娜同学，帮我剪辑制作了全部视频，非常感谢大家的支持。

最后，愿大家都有决心编出书中展示的中国结，并获得强大的自学能力。

同时向以下同学致谢：北京邮电大学吕思蒙，北京林业大学景琛，北京语言大学李芷馨、卢暄怡、李孟文、王鑫悦。

邵　杨

于北京语言大学

2021 年阳春

作者简介

邵杨，汉语言文学博士，北京语言大学教师，研究方向为音韵学与语音史、方言学、语音学、语言政策、对外汉语教学、高等教育研究等。有一定的艺术修养，工作闲暇发挥个人色彩造型方面的天赋，将中国绳结艺术从民间推向雅文化圈。

作者从 2010 年开始编中国结，有丰富的编绳经验，擅于使用多媒体进行教学。2016 年至今，为北京语言大学学生开设中国结艺选修课，面向中外学生传播中华优秀传统文化，培养有耐心、擅巧思、重细节的良好品质。课堂场场爆满，受到广泛好评。

图书在版编目（CIP）数据

中国结艺 / 邵杨著 . -- 北京 ：北京语言大学出版社，2022.8 (2023.10 重印)

ISBN 978-7-5619-5955-8

Ⅰ . ①中… Ⅱ . ①邵… Ⅲ . ①绳结－手工艺品－制作－中国 Ⅳ . ① TS935.5

中国版本图书馆 CIP 数据核字 (2021) 第 182436 号

中国结艺
ZHONGGUOJIEYI

责任编辑：周 鹂 刘晓真　　责任印制：邝 天
封面设计：春天书装　　排版制作：李 越

出版发行：北京语言大学出版社
社　　址：北京市海淀区学院路 15 号，100083
网　　址：www.blcup.com
电子信箱：service@blcup.com
电　　话：编 辑 部　8610-82303670
国内发行　8610-82303650/3591/3648
海外发行　8610-82303365/3080/3668
北语书店　8610-82303653
网购咨询　8610-82303908
印　　刷：北京富资园科技发展有限公司

版　　次：2022 年 8 月第 1 版　　印　　次：2023 年10月第 2 次印刷
开　　本：889 毫米 × 1194 毫米　1/16　　印　　张：8
字　　数：100 千字
定　　价：86.00 元

PRINTED IN CHINA
凡有印装质量问题，本社负责调换。售后QQ号1367565611，电话010-82303590